L'HOMME REVU
ET CORRIGÉ

Collection *Des Hauts et Débats*,
dirigée par Pascal LARDELLIER,
Professeur à l'Université de Bourgogne
Contact : pascal.lardellier@u-bourgogne.fr

Titres parus ou à paraître :

Claude Javeau, *Trois éloges à contre-courant* (2011)
Christophe Dargère, *Inconcevable critique du travail* (2012)
Anne Van Haecht, *Crise de l'école, école de la crise* (2012)
Elise Müller, *Une anthropologie du tatouage contemporain. Parcours de porteurs d'encre* (2013)
Alexandre Eyriès, *La communication politique, ou le mentir-vrai* (2013)
Richard Delaye, Pascal Lardellier (co-dir.), *L'Engagement, de la société aux organisations* (2013)
Stéphane Héas, Christophe Dargère (co-dir.), *Les porteurs de stigmates. Entre expériences intimes, contraintes institutionnelles et expressions collectives* (2014)
Alexandre Eyriès, *La Communication poli-tweet* (2015)
Odile Riondet, *Enquête sur la Communication comme science* (2015)
Pascal Lardellier (dir.), *Erving Goffman, de l'interaction à l'institution* (2015)
Loïc Drouallière, *Orthographe en chute, orthographe en chiffres. Deux expériences édifiantes* (2015)
Alexandre Eyriès, *Lectures critiques en communication* (2015)
Alexander Frame, Gilles Brachotte *et alii*, *L'université à l'heure des réseaux sociaux : logiques, relations, communautés* (2017)
Laurence Lagarde-Piron, *Corps à corps infirmiers* (2018)
Alain Javeau, *L'homme revu et corrigé. Les sciences de la nature au service des sciences humaines* (2018)
Kathleen Tamisier, *La famille en révolution* (2018)

Alain Javeau

L'Homme revu et corrigé

Les sciences de la nature au service des sciences humaines

Essai

PRÉFACE DE PASCAL LARDELLIER

L'Harmattan

5-7, rue de l'École-Polytechnique, 75005 Paris

http://www.editions-harmattan.fr

ISBN : 978-2-343-14785-7
EAN : 9782343147857

Préface

La clé d'or de la grande horloge de l'univers...

Le livre que vous tenez entre les mains est original à bien des égards. Ce morceau d'épistémologie a été produit par un coureur de fond, ancien cadre supérieur européen, spécialiste des stratégies de communication institutionnelle dans le secteur bancaire. Pas moins ! *L'homme revu et corrigé. Les sciences de la nature au service des sciences humaines...* Derrière ce titre très *fifties*, intrigant et programmatique, on aurait davantage attendu, en haut de la page de titre, le nom d'un universitaire spécialiste de la théorie des systèmes, ayant blanchi sous le harnois de l'algorithmie cybernétique. Mais le livre alors, aurait été différent, quant à la posture, au ton et au fond. On saisit là que rien ne prédisposait Alain Javeau à nous livrer ce morceau de haute théorie, aboutissement d'une recherche au long cours et pour cause : l'auteur a franchi en 2016 la ligne d'arrivée d'un marathon doctoral mené d'une foulée vive et alerte.

Alain Javeau est donc passé, à l'âge où d'autres cultivent enfin leur jardin dans un sens plus agreste que voltairien, des parcours de *running* à la pénombre studieuse des bibliothèques, et de la production d'outils de communication à la spéculation conceptuelle. Les secondes activités n'empêchent d'ailleurs pas les premières, la preuve éclatante en est donnée ci-après. Par ailleurs, l'auteur ne se sépare pas davantage de ses *Nike* que de son *Mac* !

Les lecteurs saisiront en parcourant ces pages que la démarche d'Alain Javeau est originale à bien des égards, et à contre-courant. En tout cas, la perspective qu'il nous offre est à la fois quelque peu anachronique par endroits, mais aussi prospective.

Quelque peu anachronique car il évoque, utilise et idéalise (au sens « d'idéal-type ») des modèles théoriques et des concepts que la communauté considère comme étant à certains égards dépassés (notamment la science de l'information), rendus obsolètes par d'autres approches plus complexes, orchestrales et systémiques. Et pour cause, évoquer la thermodynamique comme clé d'explication des logiques sociales peut être anachronique – et déjà réductionniste – à l'ère de la globalisation et du transhumanisme (liste non exhaustive). Il rétorquera que l'anomie est sœur de l'entropie, finalement.

Mais ces pages sont prospectives et terriblement ambitieuses, aussi, car on y perçoit une volonté de faire système, d'expliquer la complexité du monde par un seul modèle, totalisant. Un peu comme si l'auteur avait trouvé une clé d'or capable d'ouvrir toutes les portes, de forcer toutes les serrures. Alain Javeau, sûr de son fait, se rêve en démiurge qui nous emmènerait dans la coulisse, ou au cœur de la machinerie. Pour cela, les concepts sont utiles, et pour détourner le titre de l'ouvrage d'un autre Javeau, Alain propose, lui, de prendre *l'utile au sérieux.*

D'aucuns le taxeraient de suffisance. Mais le regard que ce livre porte sur le phénomène « information » est original à plus d'un titre et notamment dans la mesure où il contribue à établir un pont entre les sciences de la nature et les sciences humaines. Il se propose, dans ce contexte, d'élargir les définitions du phénomène d'information et souligne l'importance de l'incidence de celle-ci à tous les niveaux du fonctionnement et du comportement humains, tant sur le plan individuel que sur le plan social. Le concept d'information est ici observé sur une large échelle, en tant qu'il joue un rôle de premier plan tant dans le cadre de la science physique (en particulier dans le cadre des principes de base de la thermodynamique) que dans ceux de la sociologie, de l'écosystémique et des théories de l'évolution, de la complexité, du chaos, de l'auto-organisation et des algorithmes. Cette réflexion s'étend également, dans une optique prospective, à la robotique, et à ses épiphénomènes transhumanistes et posthumanistes. Au-delà, l'auteur entend souligner la nécessité pour l'homme d'innover constamment et de plus en plus vite, en soumettant à l'attention critique du lecteur diverses hypothèses visant à expliquer les raisons de l'emprise constamment accrue de la technologie sur notre vie de tous les jours.

Original, ce livre est surtout ambitieux, j'y reviens, dans la tâche synoptique qu'il s'assigne et qu'il essaie de remplir. On peut reprocher à Alain Javeau la quasi-absence d'ancrage empirique de son travail, ce à quoi il rétorquera que l'exercice spéculatif proposé ici, dans sa volonté de faire système, outrepasse les faits pour se placer à un autre niveau, dans la sphère des idées et des concepts. Ceci est recevable et même louable, à une époque où l'obsession empirique prive bien des thèses de toute ambition épistémologique.

Bien sûr, l'approche de l'auteur pourra aussi être taxée d'être réductionniste, voire fataliste (au sens de *fatum*). Car sa réflexion sur les chaînes de causalité qui définiraient la vie de tout un chacun s'appuie sur une posture précisément déterministe inspirée de celle appliquée aux sciences de la nature. Elle remet notamment en cause le libre arbitre et tout phénomène produit *ex nihilo* suivant des critères certes pertinents mais peut-être sujets à caution : au lecteur de se faire une idée. Alain Javeau rétorquera que la réalité est plus complexe que les théories, forcément schématiques, qui tentent de l'expliquer. Taylor (le père du taylorisme) expliquait ainsi que toute vie se résume à des transferts croisés d'énergie et d'information. C'est réductionniste, mais c'est vrai, en tout cas recevable.

On pourra aussi dire à Alain Javeau qu'il est à certains égards antihumaniste. On peut le penser en découvrant que

« les structures dissipatives que sont les hommes doivent constamment produire de la néguentropie pour, *in fine*, maximiser leur dissipation d'énergie » ! Il répondra que l'on ne fait pas de la science avec des bons sentiments, et que souvent, à étudier, on réifie. N'est pas Foucault qui veut mais celui-ci, au crépuscule des *Mots et des choses*, en arrivait à la même conclusion quant aux limites des perspectives humanistes des sciences humaines et sociales. En tout état de cause, l'auteur prend la précaution de souligner que son livre est un essai, à savoir l'exposé d'un ensemble d'hypothèses dont certaines restent encore à démontrer.

En toile de fond, l'accent est mis sur l'inéluctabilité du changement permanent et accéléré, sur le développement inexorable des technologies de l'information et de la robotique et, dans ce contexte, sur le recours sans cesse accru aux algorithmes. Si le fonctionnement et le comportement humains relèvent dans l'ensemble de processus continus de traitement d'information, on peut s'aventurer à considérer que le cerveau humain se comporte comme un véritable ordinateur : dès lors, le cerveau, tout comme les ordinateurs (et les robots) opérerait suivant des schémas de type algorithmique. La question – qui n'est pas véritablement neuve – est posée ici à partir de considérations originales, suivant un fil d'hypothèses restant toutefois à vérifier plus en profondeur, inscrites, dans l'esprit « essai » propre à cet ouvrage.

L'essai est d'ailleurs transformé, si l'on considère que les concepts-clés mobilisés ici permettent, dans l'idéal, de lire le mécanisme du social à livre ouvert, de percevoir l'action de la main secrète (ou invisible), et – pour employer une image qu'Alain Javeau cautionnera –, de voir l'intérieur de la « boîte noire ». C'est le lecteur qui devra parfois faire preuve de recul et de discernement pour se dire que c'est trop beau. Et pourtant, la plupart des pages sont convaincantes, animées par l'idée fixe d'une démonstration à administrer, pages indéniablement pétries d'une culture théorique qui honore leur auteur.

Passionné par la vie des idées, cultivé, audacieux, ambitieux et opiniâtre, Alain Javeau doit être salué pour le mérite qui lui revient, celui d'exhumer des concepts qui avaient été remisés au rang d'antiquités, et dont il prouve là la puissance opératoire, en même temps qu'il démontre sa propre force de conviction. Cette boîte à outils remise en état enrichit le dialogue interdisciplinaire, tout en ouvrant un débat au sein des sciences de l'information-communication. Là ne serait pas le moindre des apports de ces pages alors, qui contribution iconoclaste, apporte leur part au débat scientifique.

En aparté, nous vivons dans un monde dans lequel l'information et l'énergie sont tout à des ressources et des valeurs, notre quotidien en est saturé. Or, ces pages théorisent l'une et l'autre à l'envi, dans une perspective à la fois historique et résolument novatrice. Raison de plus pour s'y plonger toutes affaires cessantes.

C'est parce que je tiens Alain Javeau en estime que je me suis parfois fait ici l'avocat du diable, étant entendu que « sans liberté de critiquer, nul éloge flatteur ». Une flatterie complaisante, bafouant le principe contradictoire du débat scientifique, aurait dévalué mon avant-propos autant que son livre. C'est parce que j'ai pour lui, sa démarche et son parcours du respect et de la considération que je souhaite longue vie à son livre.

Pascal LARDELLIER,
Professeur à l'Université de Bourgogne (Dijon) et auteur

INTRODUCTION

Bouleversements et nouvelles approches

Les convulsions politiques et économiques et les bouleversements technologiques d'aujourd'hui, apparus simultanément dans une période relativement courte, constituent un état brutal de désorganisation propice à des remises en question radicales de nos repères et systèmes de valeurs. Il devrait s'ensuivre une émergence de nouvelles approches (et de nouveaux auteurs) dans les champs de la Connaissance. Le présent ouvrage a vocation à participer à ce courant créatif. Son objet consiste à apporter un regard essentiellement scientifique sur le fonctionnement global de notre monde et des individus dans leur corrélation étroite avec leur environnement.

Il s'agit de « *revoir* » l'homme en fondant l'analyse de son fonctionnement et de son comportement sur des bases largement inexplorées permettant notamment de comprendre comment et pourquoi il est amené à innover sans cesse et de plus en plus vite, avec, entre autres conséquences, une emprise constamment accrue de la technologie sur sa vie de tous les jours. Dans les faits, les analystes du changement se limitent le plus souvent à constater l'inéluctabilité des évolutions de la société et à décrire de quoi demain sera fait sans véritablement chercher à expliquer, suivant une approche essentiellement scientifique, les causes fondamentales de ce chambardement continu. Nous nous attellerons dans ce livre à combler cette lacune.

Il s'agit aussi de « *corriger* » une image de l'homme qui fonde son fonctionnement et son comportement sur des paradigmes non objectivables (non universalisables).

Une approche novatrice du phénomène humain

Dans la lignée de l'évolution scientifique actuelle et des chambardements dans lesquels elle s'inscrit, nous allons nous employer à montrer que les champs d'application des sciences de la nature sont appelés à être étendus à des domaines dans lesquels ils se sont peu aventurés jusqu'à présent, notamment ceux des sciences humaines et sociales. Il s'agit, ici, de développer une approche novatrice du phénomène humain.

En l'occurrence, nous nous attacherons notamment à montrer que l'étude du fonctionnement et du comportement humains s'inscrit pleinement dans les sciences de la nature, partant du principe que ceux-ci participent des phénomènes naturels et sont susceptibles, dès lors, d'être l'objet de lois et de principes inscrits dans lesdites sciences. Nous sommes convaincus qu'une telle approche recèle des richesses encore largement insoupçonnées : nous allons, autant que faire se peut, les mettre en lumière dans le présent ouvrage.

Énergie et causalité

L'Univers évolue, depuis toujours, selon des schémas de causalité inscrits dans des lois et principes constatés par les sciences de la nature. Ces constats s'inscrivent fondamentalement dans la science physique et connaissent de nombreux prolongements dans d'autres disciplines, dont, comme nous le verrons, celles liées aux approches scientifiques du phénomène information.

L'évolution de l'Univers consiste dans un processus continu de transformation d'énergie ; plus précisément, elle est consubstantielle à cette branche majeure de l'approche des phénomènes énergétiques qu'est la théorie de la thermodynamique. Cette évolution a abouti, parmi une infinité d'autres phénomènes, à l'apparition de la Terre et de son écosystème ; au sein de celui-ci se sont développées des multitudes d'espèces, dont l'espèce humaine. Nous soulignerons dans ce livre que les fils de causalité qui vont du big bang à l'être humain et à sa vie de tous les jours s'articulent sur des processus thermodynamiques. Dès lors que le comportement de l'Univers et de l'ensemble de ses composants relève de ces processus, le comportement des individus (composants de l'écosystème terrestre, lui-même composant du système solaire, lui-même composant de notre galaxie et ainsi de suite) est, *de facto*, conditionné par les principes de la thermodynamique.

Les structures dissipatives sont des systèmes qui utilisent de l'énergie, de la matière et de l'information pour se maintenir durablement éloignées de l'état d'entropie maximale (qui correspond à la mort pour les êtres vivants). L'homme est l'une de ces structures. Les principes de la thermodynamique et l'un de ses corollaires (la loi MaxEP) montrent que l'accroissement constant du taux d'entropie dans l'Univers implique une dissipation toujours accrue de l'énergie. Les hommes, entre autres structures dissipatives et dissipatrices, sont appelés à participer à cette dissipation croissante.

Nous verrons que la sélection naturelle favorise – via l'information – les structures dissipatives qui maximisent au mieux leur dissipation d'énergie. Ce taux de dissipation étant continuellement croissant ; l'homme doit, pour le réaliser, s'équiper d'outils de production d'énergie libre (dont une partie sera dissipée) de plus en plus efficaces. D'où l'importance des robots, que la sélection naturelle pourrait à terme favoriser au détriment des hommes.

Il sera montré, en toile de fond, que le fonctionnement et le comportement humains, à l'instar du fonctionnement et du comportement du milieu dans lequel ils s'inscrivent, suivent des fils de causalité de type algorithmique ; le rôle de notre cerveau se résume alors à n'être qu'un mécanisme sophistiqué de traitement d'informations. Ces dernières interviennent à tout moment de notre vie, constituant, avec l'approvisionnement en énergie et en matière, la source essentielle de production d'énergie libre dont une partie sera dissipée.

Convergences

Outre les principes de la thermodynamique et leurs corollaires, ce livre fondera également sa démarche sur des convergences entre les théories de l'information, de l'évolution, des écosystèmes, de l'organisation, de l'auto-organisation et de l'algorithmique. Ces convergences contribueront à affermir, avec, pensons-nous, un bon degré de pertinence, l'approche de type *scientiste* que nous appliquerons à l'appréhension du fonctionnement et du comportement humains, considérés ici dans leur totale interdépendance avec l'environnement.

Certes, l'approche « scientiste », selon laquelle les principes et les méthodes des sciences dites exactes devraient être appliqués à tous les domaines sans exception, n'est pas neuve. Elle fait depuis très longtemps l'objet de critiques appuyées dans certains milieux des sciences humaines et de la philosophie dès lors qu'il est question d'étendre cette approche à leurs propres domaines de compétence. On se souviendra que certaines des hypothèses propres à la démarche scientiste ont par le passé été mises en avant notamment par l'école physicalisme, par l'empirisme logique et, dans ces contextes, par le Cercle de Vienne, ainsi que par les démarches cybernétique et systémique.

Cependant, l'« approche sciences de la nature » appliquée à des phénomènes ordinairement étudiés par les sciences humaines a trouvé, selon nous, de nouvelles impulsions avec des découvertes scientifiques de première importance, postérieures aux époques où l'empirisme logique, le physicalisme et autre cybernétique se situaient à la pointe innovante de la pensée scientifique. Il s'agit notamment de deux découvertes d'importance majeure, à savoir le concept de structure dissipative et la loi physique MaxEP (*maximum Entropy Production*). De notre point de vue, la conjugaison des approches théoriques anciennes et plus récentes prises en compte dans notre analyse peut contribuer à réhabiliter une démarche « sciences de la nature » dans l'observation et l'analyse du fonctionnement et du comportement humains. Ce ne sera pas la première fois dans l'histoire de la pensée que certaines idées de théories mises un temps de côté jouissent d'une réhabilitation partielle grâce à une intégration de nouveaux apports de connaissances développés entre-temps.

Récemment, un livre remarquable écrit par l'astrophysicien François Roddier s'est en grande partie embarqué dans cette voie *scientiste* ; son titre : *Thermodynamique de l'évolution, un essai de thermo-bio-sociologie* (2012). En établissant un lien particulièrement convaincant entre la thermodynamique et la sociologie, l'auteur ouvre une nouvelle voie à la démarche liant sciences de la nature et comportement humain. Il y sera fait référence à plusieurs reprises dans notre ouvrage.

Organisation et désorganisation

La transformation continue et accélérée de tout ce qui gouverne notre existence (notre environnement humain et naturel et leurs implications sur nos réflexions, nos ressentis, nos faits et gestes...) s'inscrit dans une succession continue d'états d'organisation, de désorganisation et de réorganisation, succession de nature fondamentalement thermodynamique qui s'impose à nous d'une manière contraignante et imparable.

Le phénomène dit du « Big Data », dont il sera notamment question dans ce livre, constitue une étape de ce processus combiné de transformation et d'organisation, avec pour effet de modifier en profondeur et d'une manière accélérée nos modes de vie actuels dans un large éventail de domaines. L'évolution technologique a une emprise telle sur le fonctionnement et le comportement humains qu'elle pourrait (ou qu'elle devrait) déboucher sur le transhumanisme, voire le posthumanisme. Et, à la base, cette évolution relève encore et toujours de motifs principalement, sinon essentiellement, thermodynamiques.

Parties

Ce livre sera divisé en trois parties respectivement intitulées « Contexte scientifique », « Effets et conséquences » et « Considérations complémentaires et synthèse ». La partie « Contexte scientifique » sera, pour l'essentiel, consacrée au rappel de notions scientifiques de base indispensables à l'exposé de nos hypothèses. La partie « Effets et conséquences » s'appuiera sur ces notions et constituera l'objet intrinsèque de nos propos (à savoir le changement accéléré de notre cadre de vie et, étroitement corrélé à celui-ci, le fonctionnement et le comportement des individus en relation avec leur environnement, le tout étant examiné à la lumière des sciences de la nature).

La troisième partie, « Considérations complémentaires et synthèse », traitera, d'une part, du *bien-être*, envisagé sous l'angle de l'application de principes scientifiques développés dans les chapitres antérieurs, dont ceux de l'information. En l'occurrence, un accent spécifique sera mis sur le rôle déterminant, en la matière, de la Connaissance au sens large, dont, en particulier, celle liée à notre milieu. D'autre part, il sera question du phénomène de la *conversation* en tant que lieu par excellence d'échange d'informations et qui constitue, ainsi que nous le verrons, un exemple remarquable de l'application de données liées aux sciences de la nature à des phénomènes banals de la vie de tous les jours. Cette dernière partie s'est complétée (sous le titre « La substantifique moelle ») d'une synthèse des données et des hypothèses développées dans ce livre.

Essai

Cet ouvrage est, soulignons-le, un *essai*, en ce sens qu'il établit un ensemble d'hypothèses originales à divers titres, mais dont l'exactitude en tous points devrait encore être affinée avec le temps, à l'appui de facteurs de connaissance restant à exploiter.

Cet essai répond à une volonté de valoriser l'approche scientifique, en montrant qu'elle peut s'appliquer à tout ce qui fait notre existence au quotidien, sans exception. Cette volonté prend d'autant plus de sens (entre autres motifs) que les atteintes récurrentes à la laïcité reflètent aujourd'hui une emprise renforcée de valeurs fondamentalistes et de repères ésotériques et autres métaphysiques sur l'appréhension du fonctionnement de toutes choses. Dans la mesure où elle ne prête aucun crédit à ces valeurs modulables et souvent « magiques », la science constitue à nos yeux un excellent garant et protecteur de la laïcité.

Première partie
Contexte scientifique

Chapitre I

Rappel de quelques principes théoriques de base

La particularité de notre approche du fonctionnement et du comportement humains tient en ce qu'elle est, pour l'essentiel, intrinsèquement fondée sur des lois et principes issus des sciences de la nature. Cette approche repose sur de simples évidences : si l'on accepte le principe selon lequel tout a débuté avec le big bang, tous les phénomènes de l'Univers s'inscrivent dans une arborescence de fils de causalité issue de ce point de départ. Et, de fait, l'énergie libérée avec le big bang est, jusqu'à preuve du contraire, l'élément constitutif de toutes choses : tout ce qui compose notre environnement quotidien est un aboutissement du fil continu des transformations de cette énergie initiale. L'homme, parce qu'il fait partie intégrante de ce milieu (la nature) et qu'il résulte, dans le cours d'évolution de celle-ci, desdites transformations, est également concerné (et gouverné) à la base, dans son fonctionnement et son comportement, par les principes physiques qui régissent l'énergie. Ce faisant, son fonctionnement et son comportement sont régis par ces principes majeurs de la physique de l'énergie que sont ceux de la thermodynamique : le lien de l'homme avec ces principes tient à son statut de structure dissipative. Avant de développer de quoi il retourne, il nous faut d'abord faire un petit détour par quelques notions thermodynamiques de base.

Notions basiques de thermodynamique

La *thermodynamique* est le domaine des sciences physiques qui traite des échanges d'énergie et des transformations des systèmes concernés par ces échanges. Fondamentalement, le terme *énergie* désigne toute forme de travail ou de chaleur. En langage thermodynamique, le *travail* est l'énergie associée à la dynamique d'un système obtenue au moyen de forces mécaniques ; la *chaleur* est l'énergie dissipée (voir ci-après la notion d'entropie), associée à cette dynamique par le biais de l'agitation de molécules.

Le *premier principe* de la thermodynamique nous dit, en substance, que l'énergie totale de l'Univers est toujours conservée : elle reste constante. Les événements qui se produisent dans l'Univers se traduisent par des transformations de certaines formes d'énergie en d'autres formes d'énergie. On ne crée pas l'énergie, on la transforme (cf. A. Lavoisier : « Rien ne se crée, rien ne se perd, tout se transforme. »). Le *deuxième principe* indique que tout système isolé (voir cette notion ci-après) tend vers un état d'*entropie* maximale. Celle-ci consiste dans la transformation en chaleur de l'énergie lorsque celle-ci est convertie d'une forme en une autre. Il résulte de cette transformation que l'entropie doit toujours s'accroître dans tout système isolé, étant donné que l'énergie s'y transforme en permanence (elle peut parfois demeurer constante sous certaines conditions). On assimile généralement l'entropie à un état de désordre ou de dégradation. Quand l'énergie est convertie en travail mécanique, on la qualifie d'*énergie libre.* Le travail, quel qu'il soit, finit toujours par transformer l'énergie en chaleur. Ce processus énergétique travail-chaleur s'applique également à chacun de nos actes, puisque ceux-ci consistent à transformer de l'énergie.

Par ailleurs, on dit d'un système qu'il a atteint son *état d'équilibre* lorsqu'il est parvenu à son degré d'entropie maximum, à savoir lorsque toute agitation ou mouvement de molécules s'est arrêté (état de dissipation d'énergie maximale). En termes plus savants, l'état d'équilibre « est caractérisé par une homogénéité macroscopique parfaite, telle qu'aucun flux net de matière ou d'énergie ne peut s'écouler d'une partie à l'autre du système » (Atlan, 1979, p. 28). Pour les organismes vivants, l'état d'équilibre correspond à la mort. Comme nous le verrons, cet état d'équilibre est aussi celui d'une absence totale d'information.

Il a été question plus haut de la notion de *système isolé*. Il s'agit d'un système qui n'échange ni matière, ni énergie, ni information avec son environnement (ainsi que nous venons de l'indiquer, tout *système isolé* évolue en augmentant son entropie – son désordre, sa dégradation – jusqu'à atteindre un état d'équilibre maximum). En revanche, un *système* est dit *ouvert* lorsqu'il interagit avec son environnement, en échangeant avec lui de l'énergie, de la matière et/ou de l'information. Comme tout organisme animé, l'homme est un système ouvert : il est consommateur d'énergie et de matière (en particulier les rayons solaires et les aliments) et d'information (nous reviendrons plus loin en détail sur ce qu'il y a lieu d'entendre par « information »). Cette consommation a pour conséquence de diminuer, voire de stabiliser – mais d'une manière toujours éphémère et sans cesse répétée tout au long de l'existence – les effets instantanés de l'entropie à l'égard de l'individu (sans cette consommation, l'individu atteindrait assez rapidement l'état d'équilibre). Cela étant, l'entropie croissante finit toujours par s'imposer à lui d'une manière maximale, puisque l'on finit toujours par mourir (état d'équilibre).

Le processus d'entropie négative (la capacité des organismes vivants de ralentir ou stabiliser les effets de l'entropie à leur égard) est appelé *néguentropie*. Le constat de ce processus d'entropie négative fait dire à E. Schrödinger que « le propre de la vie est d'inverser le processus de l'entropie ; tandis que la matière tend inéluctablement vers le désordre, la vie, quant à elle, maintient en permanence l'ordre et le reconstruit : elle est néguentropique ». (E. Schrödinger, 1986, p. 1)

Il est important de souligner que la diminution d'entropie interne de toute structure (organisme ou système) suppose une augmentation d'entropie dans un système plus large, à savoir l'ensemble constitué par le système observé et son environnement. A. Kastler (Prix Nobel de physique) énonce ce phénomène en ces termes :

> « Des systèmes ouverts présentant un état d'ordre caractéristique peuvent non seulement maintenir mais accroître cet état d'ordre en puisant dans le milieu extérieur de l'énergie et en cédant à ce milieu, d'une manière continue, de la chaleur, donc de l'entropie. [...] L'accroissement d'ordre – et donc de néguentropie – du système est compensé par la cession d'entropie au milieu extérieur. De tels systèmes qui évoluent très loin de l'état d'équilibre stable, sont appelés systèmes dissipatifs. » (A. Kastler, 1974, cité par M. Forsé, 1989, p. 102.)

Prigogine (également Prix Nobel) transformera cette dernière appellation en « *structure dissipative* ».

Nous en arrivons donc à ce fameux concept de structure dissipative dont il a été question dans l'introduction de ce chapitre, concept clé dont il sera également question tout au long de ce livre.

Les structures dissipatives

Le physicien I. Prigogine a donné le nom de « *structure dissipative* » à tout système ouvert auto-organisé (la notion d'auto-organisation sera explicitée au chapitre II) qui se maintient éloigné de l'état d'équilibre (comme défini plus haut) grâce à un apport constant d'énergie, de matière et/ou d'information. Tel est le cas, notamment, de l'homme.

Le fait que l'homme soit une structure dissipative confirme son caractère de système inscrit dans les lois de la science physique. Il en va de même notamment des systèmes sociaux, autres structures dissipatives. Mais, au-delà, une structure dissipative peut, selon nous, également consister dans un processus culturel ou un type de comportement, ou encore dans un outil produit par l'homme tel le robot, dans la mesure où tous sont producteurs de néguentropie (tout en maximisant autant que possible – comme nous le verrons – la production d'entropie évacuée dans leur environnement), via, principalement, des apports d'information. Par suite, on définira les structures dissipatives comme étant *des systèmes ouverts auto-organisés qui produisent des modifications de taux d'entropie.* (Le chapitre II apportera des données complémentaires en matière de structures dissipatives.)

On a donc, d'une part, des structures dissipatives matérielles (la Terre, les organismes vivants, les robots, les outils informatiques, etc.) et, d'autre part, des structures dissipatives « immatérielles » (réflexions, valeurs culturelles, comportements, etc.). Ces structures de différents types répondent à la définition donnée plus haut (« système ouvert auto-organisé qui se maintient éloigné de l'état d'équilibre grâce à un apport constant d'énergie, de matière et/ou d'information »).

Nous soutiendrons l'hypothèse que l'histoire de l'Univers consiste dans une succession continue de structures dissipatives. La Terre est l'une d'entre elles, elle-même conséquence et objet d'une succession de telles structures, constitutives de son écosystème. Il en va de même, entre autres, des humains, dont l'existence est également une suite de structures dissipatives (à savoir une succession d'étapes de modifications de taux d'entropie), alimentées par des apports d'information et d'énergie-matière.

Bien plus, les cellules qui composent l'individu sont elles-mêmes des structures dissipatives (elles s'approvisionnent en énergie-matière et en information de manière à demeurer éloignées de l'état d'équilibre). Dans *Le gène égoïste* (2003), R. Dawkins explique la capacité qu'ont certaines cellules de se répliquer, dont les molécules d'ADN. Il semble, selon lui, que certaines cellules « réplicateurs » « ont découvert peut-être comment se protéger elles-mêmes, soit chimiquement, soit en construisant un mur physique de protéines autour d'elles ». Et il ajoute : « C'est peut-être ainsi que les premières cellules vivantes apparurent. Les réplicateurs commencèrent [...] à se construire des [...] véhicules pour survivre [...], des machines à survie pour y vivre. » (p. 40). Puis un peu plus loin dans le texte :

> « Après quatre milliards d'années [...] les plus anciens réplicateurs [...] ne sont pas morts, puisqu'ils étaient passés maîtres dans l'art de la survie. [...] Ils fourmillent aujourd'hui [...) à l'abri de gigantesques robots [...], ils sont vous et moi. Ils nous ont créés corps et âme, et leur préservation est l'ultime raison de notre existence. [...] Ces réplicateurs, on les appelle maintenant "gènes", et nous sommes leur machine à survie. » (p. 40)

Ces propos ont été notamment corroborés par W.D. Hamilton dans le cadre de la théorie de biologie évolutive dite de « *valeur sélective inclusive* », lorsqu'il a montré qu'« un gène peut assurer son succès évolutionnaire en favorisant la survie et la reproduction des individus qui en sont porteurs ». (W.D. Hamilton, 1964, p. 1-16, et 17-52)

La plupart de nos cellules possèdent la totalité de nos types de gènes. La cellule présente un état fortement organisé de la matière : pour ce faire, il a fallu qu'elle utilise l'énergie et la matière extérieure et constitue par conséquent un système ouvert. Dans les faits, ce sont donc nos cellules qui nous conduisent à nous approvisionner constamment en énergie-matière et en information, de sorte qu'elles puissent conserver leur état hautement organisé d'une manière pérenne. Du strict point de vue des sciences de la nature, l'entité « homme » se résume à un assemblage de cellules qui dictent le fonctionnement de l'ensemble. Il ressort de ces propos que les cellules, systèmes ouverts, sont des structures dissipatives et que leur assemblage en corps fait également (et nécessairement) de ces derniers des structures dissipatives. Tels sont donc les humains, raison pour laquelle ceux-ci passent le plus clair de leur temps à échanger de l'énergie, de la matière et de l'information avec leur milieu environnant.

En définitive, notre comportement dit de survie tient, d'une part, au fait que nous sommes les « machines à survie » d'un assemblage de gènes réplicateurs et, d'autre part, au fait que lesdites machines sont appelées à demeurer éloignées de l'état d'équilibre durant une certaine période pour les motifs que nous venons d'évoquer.

En résumé, on retiendra que les organismes vivants, dont l'être humain, sont des assemblages de cellules réplicateurs, et que le fonctionnement et le comportement de ces organismes sont l'expression du fonctionnement et du comportement desdites cellules (celles-ci, en tant que structures dissipatives, constituant, mises ensemble, la structure dissipative globale qu'est le corps). En définitive, nos réflexions et nos actes, dès lors qu'ils contribuent à nous maintenir éloignés de l'état d'équilibre, n'ont peut-être d'autre objet que d'assurer la pérennité de ces cellules en tant que réplicateurs. Et cette fonction de réplication correspondrait alors à la succession continue de structures dissipatives qui assurent la continuité de l'espèce humaine.

Les cellules sont des structures dissipatives constitutives des structures dissipatives que sont (par conséquent) les « corps » humains, lesquels sont des structures dissipatives constitutives des structures dissipatives que sont les groupes sociaux. En sens inverse, les cellules ont été constituées par la structure dissipative qu'est l'écosystème global (la Terre), lequel résulte d'une longue et lointaine succession de structures dissipatives – dont les astres – issues du big bang. En définitive, tout, dans l'Univers, est une vaste succession de structures dissipatives se « multipliant » sans discontinuer.

On notera encore que les structures dissipatives constituent des « instructions/étapes » dans les schémas algorithmiques qui régissent le fonctionnement et le comportement des structures dont elles font partie (nous y reviendrons en détail au chapitre V).

Il faut à présent compléter les données qui précèdent avec les incidences de la loi MaxEP. Comme nous allons le voir, cette loi corollaire de la théorie de la thermodynamique joue, elle aussi, un rôle de tout premier plan dans le développement de notre ouvrage.

Loi de production maximale d'entropie (MaxEP)

Pour introduire ce sujet, deux citations de l'astrophysicien F. Roddier :

> – « L'Univers s'auto-organise de façon à maximiser son taux de production d'entropie. Il crée des structures dissipatives capables de produire de l'énergie libre et de dissiper cette énergie de plus en plus efficacement. » (2012, p. 50)
>
> – « Plus vite les organismes dissipent de l'énergie, plus vite ils modifient leur environnement et plus vite ils doivent se réadapter. Il y a là ce qu'on appelle en cybernétique une rétroaction positive. Cette rétroaction a pour effet d'accélérer l'évolution, de sorte que tout va de plus en plus vite. » (*ibid.*, p. 56)

Ces citations trouvent leur prolongement dans la loi MaxEP, initialement conçue par le physicien et mathématicien R. Dewar, et qui s'énonce comme suit :

> « Les structures dissipatives maximisent leur production d'énergie libre de façon à maximiser le flux d'énergie qui les traverse. Cela a pour conséquence de maximiser la vitesse avec laquelle l'énergie se dissipe. On dit que les

structures dissipatives maximisent le taux de production d'entropie. » (F. Roddier, *ibid.*, p. 32-33)

Il est important de retenir, pour la suite de nos propos, que les expressions « dissipation d'énergie » et « production d'entropie » sont équivalentes (dans la mesure où une dissipation d'énergie consiste à transformer celle-ci en chaleur).

S'agissant de la loi MaxEP et de ses applications et prolongements, nous nous référons en particulier à l'ouvrage *Thermodynamique de l'évolution* de F. Roddier, dont ont été tirées les trois citations ci-dessus. Parmi les implications essentielles de cette loi, F. Roddier relève notamment celle-ci :

> « Un écosystème s'auto-organise de façon à constamment maximiser son taux de dissipation d'énergie ; on s'attend à ce que ce processus s'applique aux sociétés humaines. (On peut) dire qu'une société humaine s'auto-organise pour maximiser la vitesse avec laquelle elle dissipe de l'énergie. » (*ibid.*, p. 16)

De fait, comme nous le verrons plus loin, les sociétés humaines sont des structures auto-organisées et, en l'occurrence, des structures dissipatives. Notre point de vue est que le processus qui s'applique aux sociétés s'applique également (suivant, notamment, son caractère fractal – une structure fractale étant une structure invariante par changement d'échelle, telle la feuille de fougère dont les parties composantes ont chacune la même structure que l'ensemble de la feuille) aux individus eux-mêmes, en tant qu'éléments constitutifs desdites sociétés et surtout en tant que structures dissipatives, dès lors que celles-ci maximisent toutes, comme nous venons de le souligner, leur taux de production d'entropie. Pour assurer la maximisation de leur dissipation d'énergie (qui équivaut, comme nous l'avons indiqué, à une maximisation de production d'entropie), il faut que les sociétés humaines soient composées d'éléments (les individus) eux-mêmes dissipateurs d'énergie. Et tel est le cas puisque les hommes se comportent constamment de manière à évacuer de l'entropie (dans leur environnement) avec pour effet de demeurer durablement éloignés de l'état d'équilibre et de produire, à leur profit, de la néguentropie.

La théorie physique indique que toute évacuation/diminution d'entropie d'un système accroît la capacité de ce dernier à produire de l'énergie libre dont une partie sera dissipée. La théorie indique également qu'une évacuation d'entropie correspond à une importation d'information issue de l'environnement. Autrement dit, l'importation d'information pour un système permet une diminution (ou une stabilisation) momentanée de l'entropie à laquelle ce système est confronté. Cet apport d'information correspond donc à une production de néguentropie. Le schéma du processus thermodynamique considéré ici se présente comme suit :

Information captée (issue de l'environnement) => production de néguentropie (diminution d'entropie) => production d'énergie libre => dissipation d'une partie de cette énergie (production d'entropie).

Ce processus joue un rôle capital dans les hypothèses qui seront développées dans ce livre. En particulier, nous soulignerons que le comportement humain, dans la mesure où il est déterminé, selon notre approche, par les lois de la thermodynamique et la loi MaxEP, est fondamentalement appelé à maximiser, constamment, de la dissipation d'énergie (comme le souligne F. Roddier, en régime stationnaire, une structure dissipative perd autant d'information qu'elle en acquiert, de sorte qu'elle est amenée à renouveler constamment cette acquisition).

En résumé, l'homme réalise cette maximisation permanente de dissipation d'énergie (évacuation d'entropie) via une production incessante de néguentropie obtenue au moyen des informations qu'il tire de son environnement. Nous inclinons à penser que cette maximisation constitue le moteur du fonctionnement et du comportement des individus.

À noter que la loi MaxEP n'a, jusqu'ici, pas encore été pleinement démontrée d'une manière mathématique. Toujours selon F. Roddier, elle est, à plus d'un titre, conforme à l'expérience. De plus, elle s'inscrit dans une logique générale homogène dont témoigne notamment le large éventail d'exemples d'application qui seront réunis dans le présent ouvrage. Si cette loi MaxEP demeure pour l'instant une hypothèse restant à certifier d'une manière absolue, nous n'hésitons pas à nous y référer, d'autant, rappelons-le, que notre livre se conçoit en tant qu'essai, mais un essai, pensons-nous, élaboré d'une manière pointue sur un vaste ensemble d'arguments croisés et recroisés dans un souci de cohérence approfondie.

En définitive, il ressort des propos qui précèdent que les hommes, considérés dans leur ensemble, sont conduits à maximiser toujours davantage leur dissipation d'énergie. Ceci explique notamment pourquoi tout se transforme de plus en plus vite dans la société humaine et pourquoi celle-ci produit des outils technologiques de plus en plus performants en termes de diffusion d'informations et de production d'énergie libre.

> « Le second principe de la thermodynamique se donne comme une loi d'évolution définissant une "flèche" du temps. Le plein sens de cette loi est que l'entropie de l'Univers augmente irréversiblement à mesure que s'écoule le temps. »
>
> (M. Forsé, 1989, p. 71)
>
> « En important de l'information de son environnement, (l'homme) améliore constamment ses connaissances. Ce faisant, il diminue son entropie interne pour dissiper de l'énergie toujours plus efficacement. »
>
> (F. Roddier, 2012, p. 14)

« La vie est un processus physico-chimique de dissipation d'énergie. »
(*Ibid.*, p. 56)

Dissipation d'énergie et essor économique

Selon F. Roddier :

« Les hommes forment des sociétés de plus en plus complexes qui dissipent de plus en plus d'énergie. [...] Actuellement, l'humanité dissipe en moyenne 2 kW par individu (de façon constante). Un Français moyen dissipe 7 kW, un Américain moyen 11 kW. » (F. Roddier, *Les lois implacables de la thermodynamique*, 2010)

Il note également que les sociétés qui dissipent le plus d'énergie (celles qui ont le développement économique le plus rapide) sont favorisées par l'évolution. Toujours selon lui, le communisme a fini par succomber dès lors qu'il ne dégageait pas une dissipation d'énergie aussi performante que le pouvait le libéralisme. De fait, à l'époque de la guerre froide qui opposait les États-Unis et l'URSS pour la domination du monde, les premiers dissipaient par individu (de façon constante) 10 kW contre 7 kW pour les seconds. Pour F. Roddier, on peut y voir la raison de l'effondrement de l'URSS. Une mauvaise circulation de l'information due, entre autres (mais pas seulement) à des dispositions contraignantes d'ordre politique, a sûrement joué un rôle déterminant dans l'effondrement de l'Union soviétique, l'information constituant, comme nous l'avons indiqué, un facteur de néguentropie favorisant la production d'énergie libre dont une partie sera dissipée. Nous reviendrons plus largement sur les incidences économiques de la maximisation de dissipation d'énergie notamment au chapitre VI.

Complexité et chaos

Dans ce livre il sera fait référence à quelques reprises aux Théories de la complexité et du chaos. On se limitera ici à quelques données substantielles réduites au minimum mais suffisantes dans le contexte qui nous intéresse.

Complexité

Selon P. Bertrand, « le terme de complexité signifie notre incapacité à prédire l'évolution d'un système au-delà d'un certain nombre d'itérations, compte tenu de son comportement non linéaire et de la sensibilité aux conditions initiales » (2008, p. 15). Pour le sociologue N. Luhmann, « la complexité n'est rien d'autre que l'explosion du nombre de possibilités, d'alternatives et de mises en relation des uns avec les autres » (N. Luhmann, 1984, cité par E. Ferrarese, 2007, p. 142). La complexité s'inscrit donc dans les phénomènes d'interactions, lesquels, selon E. Morin (2005), supposent des rencontres, elles-mêmes liées à des agitations et des turbulences, c'est-à-dire à du désordre. Ce lien entre la notion de complexité et l'évolution vers le désordre est corroboré par I. Prigogine et I. Stengers (1979, p. 173 et 200) :

> « La conservation d'une grandeur physique, l'énergie, à travers les transformations que peuvent subir les systèmes physiques, chimiques, biologiques va [...] être mise à la base de ce que nous pouvons appeler la science du complexe ». « La thermodynamique d'équilibre constitue [...] la première réponse apportée par la physique au problème de la complexité de la nature. Cette réponse s'énonce [...] évolution vers le désordre. »

Chaos

La *Théorie du chaos* s'applique à des systèmes dont le développement évolutif est très sensible aux conditions initiales : la moindre modification ou imprécision dans les données de départ d'un système évolutif peut donner au bout du processus une différence considérable par rapport au résultat initialement obtenu sans cette modification minime. C'est ainsi que la multiplication par un multiplicateur donné d'un multiplicande donné comprenant un grand nombre de décimales, va aboutir à des produits de plus en plus décalés selon que l'on prend en compte, dans ce multiplicande, x décimales, x+n décimales, x+n+n décimales et ainsi de suite (alors que, à la base, la différence des valeurs de ce nombre en elle-même est très faible selon que l'on considère l'une ou l'autre décimale en plus ou en moins). Le célèbre « effet papillon » illustre également cette théorie, lorsqu'il envisage la possibilité, via une chaîne complexe de causalités, que le battement d'ailes d'un papillon au Brésil puisse induire une tornade au Texas (métaphore due au météorologue E. Lorenz en 1972). C'est cette imprédictibilité liée à l'instabilité des systèmes évolutifs qui constitue la toile de fond de la Théorie du chaos.

Le fonctionnement du cœur est un exemple parlant de phénomène lié à la théorie du chaos : les paramètres qui définissent son fonctionnement et son comportement sont très nombreux (émotion, accélération du déplacement, conditions atmosphériques, fatigue, condition physique générale, stress...), de sorte que l'évolution du rythme cardiaque durant une période donnée n'est pas prédictible, tant il est sujet à des variations dans les conditions initiales.

La Théorie du chaos ne remet nullement en question le déterminisme, quand bien même les faits auxquels elle s'applique ne seraient pas pleinement prédictibles à terme, leur imprédictibilité relevant uniquement de leur sensibilité aux conditions initiales, sensibilité qui s'inscrit dans un processus de causalité.

Quelques considérations en marge

L'astrophysicien François Roddier auquel nous continuerons à nous référer à plusieurs reprises dans le présent ouvrage est, à notre connaissance, l'un des scientifiques qui s'est récemment le plus aventuré dans l'étude des liens entre les sciences de la nature et l'anthropo-sociologie. Dans la préface de son ouvrage *Thermodynamique de l'évolution, un essai de thermo-bio-sociologie* déjà cité ci-dessus – où il souligne notamment l'importance du rôle joué par la loi MaxEP auprès des structures dissipatives –, il mentionne qu'il « *voit son livre comme un programme scientifique pour le XXI*e *siècle, un programme permettant d'unifier la science, de la cosmologie aux sciences humaines* ». Nous avons pris connaissance de cette démarche après en avoir également envisagé le principe de notre côté : sans doute cette convergence d'idées non convenue témoigne-t-elle de signes avant-coureurs d'une nouvelle manière, désormais latente, d'aborder la connaissance, manière consistant à favoriser un rapprochement très étroit – sinon, à terme, une fusion en une Science unique ? – des sciences de la nature et des sciences humaines. Selon nous, tant que la Science n'aura pas réussi à sceller cette union nécessaire, elle n'aura peut-être pas atteint sa pleine mesure. (N.B. : Les hypothèses développées ici à partir des considérations de F. Roddier n'engagent en rien celui-ci).

> « Si l'on m'avait dit il y a dix ans que les lois de la mécanique statistique (la thermodynamique) pouvaient expliquer le comportement humain, j'aurais souri d'un air dubitatif. J'en suis maintenant convaincu. Les lois fondamentales de la biochimie sont les lois de la thermodynamique, établies par Gibbs. Dans la mesure où les êtres vivants sont des ensembles de réactions biochimiques, ils ne peuvent qu'obéir à ces lois. »
> (F. Roddier, 2012, p. 15)

Chapitre II

Structures dissipatives et information

> *« Tous les systèmes vivants connus aujourd'hui possèdent des propriétés communes qui concernent le transfert et le traitement sélectif de la matière, de l'énergie et de l'information. »*
> (J. Lovelock, 1993, p. 174)

Nous avons souligné, dans le chapitre I, l'importance de l'incidence des principes de la thermodynamique sur le fonctionnement et le comportement humains, mettant en évidence, dans ce contexte, l'importance du concept de structure dissipative. Nous avons vu que celui-ci s'appliquait aux systèmes qui échangent de l'énergie, de la matière et de l'information avec leur environnement, avec pour résultat d'en modifier le taux d'entropie. Au nombre de ces systèmes figurent les humains.

On a une idée plutôt précise de ce que sont l'énergie et la matière, mais qu'en est-il de l'information, comment se définit-elle ? Cette question est d'importance, dès lors que l'information joue un rôle de tout premier plan dans les hypothèses développées dans ce livre. Mais avant d'y venir, il nous faut d'abord traiter du concept d'organisation auquel, comme nous le verrons, est étroitement lié celui de l'information.

L'organisation

N.B. : Dans l'ensemble des points traitant ci-après de l'organisation en tant que telle et de ses liens avec les phénomènes d'information, il sera régulièrement fait référence à des propos d'H. Atlan, qui a abordé ces sujets dans divers ouvrages de grande rigueur scientifique, ainsi qu'à des propos d'E. Morin, extraits principalement du tome 1 de La méthode *(sous-titré « La nature de la nature »), ouvrage dont divers chapitres sont également consacrés aux questions d'organisation en lien avec l'information.*

Les définitions que nous donnerons ci-après de l'organisation et de l'information sont spécifiques à la ligne théorique de ce livre et, partant, à l'approche thermodynamique sur laquelle elle repose en très grande partie.

La transformation continue de l'énergie se concrétise dans une transformation permanente de l'environnement et des organismes qui en font partie (le fonctionnement de notre organisme ainsi que le cours de nos pensées, par exemple, se modifient constamment). En définitive, tout, dans notre existence, autour de nous et en nous-mêmes, se transforme d'une manière permanente. Il en va ainsi pour l'ensemble des structures dissipatives.

La capacité des organismes vivants de ralentir la dégradation (on utilise également le terme de désordre) liée à cette transformation constante qui s'impose à eux en raison de la croissance continue de l'entropie tient à leur caractère de structures dissipatives (le physicien I. Prigogine a qualifié les structures dissipatives d'« *îlots d'ordre dans un océan de désordre* »).

On parle d'*organisation* lorsqu'il y a constitution d'ordre/néguentropie dans une situation globale de désordre/entropie. Pour préciser le lien du phénomène d'organisation avec les notions d'ordre et désordre (ou de dégradation) propres à l'entropie et à la néguentropie, on se référera à E. Morin (1977, p. 35) :

> « Le second principe de la thermodynamique [...] se pose en termes d'ordre et de désordre. Il se pose du coup en termes d'organisation et de désorganisation, puisque l'ordre d'un système est constitué par l'organisation qui agence en un tout des éléments hétérogènes. Donc l'entropie [...] signifie à la fois dégradation de l'énergie, dégradation de l'ordre, dégradation de l'organisation. »

En définitive, l'« ordre » n'est qu'un état transitoire du « désordre ». Comme l'écrit encore E. Morin, « tout ce qui est physique, des atomes aux astres, des bactéries aux humains, a besoin de désordre pour s'organiser » (*ibid.*, p. 80). Cet état de fait relève de l'omniprésence du désordre entropique, lequel conditionne tout fait ou toute activité. L'organisation constitue toujours une réaction au désordre constant en toile de fond (la *désorganisation*). Elle est toujours éphémère (le désordre, latent, finissant constamment par revenir à la charge) et doit, d'une manière ou d'une autre, se reconstituer, être remise en cause en permanence, si bien que tout dans l'existence des structures dissipatives est une succession d'états d'organisation, de désorganisation, de réorganisation et ainsi de suite. Du point de vue biologique, E. Angelier (2008, p. 33) considère que « l'organisation du vivant est en fait une réorganisation permanente de molécules qui se dégradent ; elle produit de l'ordre à partir du désordre, de la néguentropie à partir de l'entropie ». Il en va de même pour ce qui est de notre comportement.

Notre production de néguentropie – synonyme d'ordre et d'organisation – s'effectue principalement à l'aide de ressources en information (et, conjointement, en énergie-matière).

Définition de l'organisation

Selon nous, l'*organisation*, pour une structure dissipative tel l'être humain, désigne *l'ensemble des processus de traitement d'information aboutissant à stabiliser ou ralentir pendant un temps les effets de l'entropie* (comme nous le verrons plus loin plus en détail, l'information est le facteur/ressource essentiel de notre fonctionnement). Dans les faits, ainsi que nous le verrons également, nos actes et réflexions, quels qu'ils soient, ont majoritairement pour objet de créer de l'organisation (à la suite d'états de désorganisation), cette organisation aboutissant à produire de l'énergie libre dont une partie sera dissipée. Il est clair, en l'occurrence, que cette notion d'organisation s'apparente pleinement à celle de néguentropie. On ajoutera que l'organisation permet – et favorise – la production de structures dissipatives.

On notera encore que les étoiles, notre écosystème, l'ensemble des organismes vivants (outre les hommes) et notre culture sont, en tant que structures dissipatives, l'objet de transformations constantes, passant continuellement d'états d'entropie en états de néguentropie et vice-versa, autrement dit d'états d'organisation en états de désorganisation puis de réorganisation.

> *« L'existence, c'est la fragilité : l'être ouvert ou existant est proche de la ruine dès sa naissance, il ne peut éviter ou différer cette ruine que par le dynamisme ininterrompu de la réorganisation permanente et le secours d'un ravitaillement extérieur. C'est un étant transitif, incertain, qui a toujours besoin de réexister et qui s'évanouit dès qu'il cesse d'être nourri, entretenu, réorganisé, réorganisant... »*
> (E. Morin, 1977, p. 206)

Sur la base des considérations liées à l'organisation, nous pouvons à présent passer aux définitions de l'information.

Définitions de l'information

Dans les faits, tout état d'organisation (ou de réorganisation) va se dégrader en état de désorganisation ; autrement dit, tout état de néguentropie se dégrade en état d'entropie. Au cours de l'état de désorganisation se produit habituellement, tôt ou tard, l'émergence d'un « bruit » (une rupture, une désorganisation instantanée plus ou moins appuyée ou violente) dont l'effet immédiat ou différé sera réorganisateur. Cet effet réorganisateur consiste dans l'apparition d'une nouvelle structure dissipative (le plus souvent immatérielle), celle-ci se définissant, ainsi que nous l'avons vu, comme facteur de modification de taux d'entropie ; il est l'élément qui permet, après coup, la reconstitution de l'état néguentropique consubstantiel à l'état entropique (comme nous l'avons vu au chapitre I, toute production d'entropie s'accompagne d'une production de néguentropie).

C'est ce « bruit » à effet réorganisateur/néguentropique – et producteur de structure dissipative – que nous appellerons information (définition au « sens générique »).

En résumé, l'information est le « bruit » réorganisateur qui intervient en période de désorganisation et qui déclenche la réorganisation. L'information provient d'une modification de l'environnement, à savoir une modification de son taux d'entropie, modification de ce qui se concrétise par l'apparition d'une nouvelle structure dissipative (le plus souvent immatérielle).

On énoncera par ailleurs une *définition « au sens restreint »*, correspondant à la notion la plus courante du terme « information », à savoir :

> « Fait ou jugement qu'on porte à la connaissance d'une personne, d'un public à l'aide de mots, de sons, d'images » (définition II, 4, Petit Robert, 2013).

Cette définition au *sens restreint*, s'inclut naturellement dans la définition au *sens générique*. En effet, tout apport de connaissance est un apport d'information – et, partant, un « bruit » réorganisateur potentiel – susceptible de contribuer à modifier le taux d'entropie du système auquel appartient la structure réceptrice.

Il y a lieu également de prendre en compte la notion d'information telle qu'elle se conçoit dans le cadre de la Théorie de l'information. Il en sera question dans le paragraphe consacré à cette théorie, plus loin dans ce chapitre. En tout état de cause, la définition *au sens restreint* et la notion *au sens de la Théorie de l'information* s'inscrivent pleinement dans notre définition au *sens générique*.

On soulignera encore que la structure dissipative « homme » est – via des apports d'informations, en ce inclus des apports d'énergie-matière – un produit de la structure dissipative « écosystème global (la Terre) ». L'homme est un mécanisme qui, à partir de l'information produite par l'écosystème global, produit des successions d'états de néguentropie au profit de ce dernier – et, dans ce cadre, à son propre profit – dès lors qu'il fait partie de cet écosystème. La structure dissipative « homme » est un mécanisme grâce auquel l'écosystème produit, par voie d'informations, les autres structures dissipatives que sont les cultures, les comportements, les mécanismes informatiques et robotiques (outils technologiques qui, eux-mêmes, produisent ensuite d'autres structures dissipatives). Toutes ces structures générées par de l'information ont pour fonction de modifier le taux de l'entropie via une production de néguentropie. Ces propos rejoignent la position des physiciens qui considèrent que l'information est le facteur essentiel de production de néguentropie.

On notera en passant que la succession hiérarchique des structures dissipatives qui va des étoiles aux outils informatiques en passant par le système solaire, la Terre et son écosystème et puis l'homme s'inscrit dans un schéma fractal et de type algorithmique (cf. chapitre V, paragraphe « Causalité et algorithmes »).

Les émergences

Comme nous allons le voir, les phénomènes d'émergence nous intéressent ici à plus d'un titre, en tant que facteurs essentiels d'informations et de causalités.

Une définition d'E. Morin (1977, p. 106) :

> « On peut appeler émergences les qualités ou propriétés d'un système qui présentent un caractère de nouveauté par rapport aux qualités ou propriétés des composants considérés isolément ou agencés différemment dans un autre type de système ». Si l'on considère, par exemple, la cristallisation de molécules d'eau en glace, il s'agit d'un phénomène qui n'appartient ni à l'oxygène ni à l'hydrogène, ses constituants. Le phénomène d'émergence peut s'énoncer selon l'adage « Le tout est plus que la somme de ses parties. »

L'histoire de l'Univers s'est intégralement construite à partir d'une succession infinie d'émergences. Dans les toutes premières minutes après le big bang, la température de l'Univers, trop élevée, empêchait la formation de noyaux atomiques. L'Univers consistait alors en un plasma de protons, de neutrons et d'électrons. Quand la température est descendue sous le seuil d'environ un milliard de degrés Celsius, les protons et les neutrons ont été en mesure de former des noyaux atomiques (d'hydrogène, d'hélium et de lithium). Ce processus, appelé nucléosynthèse primordiale, constitue un phénomène d'émergence. Environ 380 000 ans après le big bang, les électrons libres fourmillant dans l'Univers ont pu se combiner avec les noyaux de protons combinés avec des neutrons pour former les éléments émergents que sont les atomes.

Les constitutions de noyaux atomiques et puis d'atomes sont, selon nous, des phénomènes émergents et producteurs d'états d'organisation. La constitution de molécules sera à son tour un phénomène similaire, de la même manière, à un stade ultérieur, que la constitution de corps (comme le corps humain) à partir de molécules tels les gènes. En définitive, tous les phénomènes d'organisation sont des phénomènes d'émergence issus de la conjugaison d'informations de diverses natures, à vocation néguentropique.

Un autre exemple d'émergence particulièrement parlant (et important dans le contexte de cet ouvrage) : l'écosystème. Suivant E. Angelier, « *l'écosystème lui-même est une émergence issue des interactions entre espèces* » (2008, p. 176), considération corroborée par S. Frontier, également à propos des écosystèmes (1999, p. 9) :

> « De l'ensemble des unités fonctionnelles et de l'ensemble de leurs interactions émerge une entité nouvelle, montrant une structure, des propriétés et une dynamique nouvelles par rapport à celles de ses composantes. Les dynamiques élémentaires sont dites "intégrées" en une dynamique globale différente d'une "somme" des premières. »

(À noter, toutefois, que notre planète, qui constitue la structure au sein de laquelle s'est construit notre écosystème global, préexiste aux espèces, lesquelles, en retour, orientent son évolution ; cet écosystème global est une structure dissipative productrice, par voie de sélection naturelle, des autres structures dissipatives de notre milieu – dont nous-mêmes –, lesquelles lui permettent, d'une manière rétroactive et en interagissant, de demeurer durablement éloignée de l'état d'équilibre).

On ajoutera encore que le phénomène d'auto-organisation (dont il sera question un peu plus loin dans le présent chapitre) peut se définir comme « l'émergence spontanée d'une organisation structurelle en état de non-équilibre à un niveau macroscopique, due aux interactions collectives entre un grand nombre de sous-systèmes microscopiques » (H. Atlan, 2011, p. 18). En tout état de cause, les auto-organisations sont elles-mêmes, par excellence, des centres de production d'émergences.

Une analogie peut être faite entre le phénomène d'« *interactions collectives* », mis en avant dans cette citation d'H. Atlan, et le système social. Comme nous le soulignerons plus loin, la société est une structure auto-organisée, et elle est, en tant que telle, une émergence des individus qui la composent mais aussi facteur de processus d'émergences par voie d'interactions en son sein. De fait, dans un groupe social à l'intérieur duquel s'échangent nécessairement des informations, la combinaison de celles-ci produit régulièrement des émergences, telles des idées et des *informations nouvelles* (voir plus loin dans ce chapitre). Ces émergences peuvent ensuite produire un effet rétroactif sur les informations initialement émises, dont pourra « émerger » une nouvelle génération d'informations. Si une structure auto-organisée n'était pas à même de produire des émergences (à savoir des renouvellements d'informations), elle ferait l'objet d'une évolution entropique vers un état d'équilibre relativement rapide. Tel est le cas, par exemple, lorsque le contenu d'une conversation (cf. chapitre IX) n'intègre pas d'éléments neufs : elle finit par s'arrêter. On le voit, les émergences sont par excellence des facteurs de néguentropie.

On soulignera que l'homme est un « outil » fabriqué par la nature via la sélection naturelle, outil contribuant à maximiser le taux global de dissipation d'énergie. Le groupe humain (l'humanité dans son ensemble) est devenu au fil du temps un outil de plus en plus essentiel de cette maximisation. Toutes nos informations proviennent de notre environnement. Les individus qui composent l'ensemble des groupes formant l'humanité (notre environnement humain) échangent entre eux des informations d'où il sortira des émergences qui permettront, mises ensemble, de produire des successions d'autres émergences participant à la maximisation croissante de la dissipation d'énergie. De même, les individus échangent avec leur environnement naturel non humain des informations qui provoqueront également des nouvelles émergences. En règle générale, c'est l'écosystème global (la Terre, notre environnement au sens large) qui impose – par voie de sélection naturelle des comportements – à ses sous-écosystèmes (dont les systèmes sociaux) de se comporter de manière à contribuer à l'accroissement de la dissipation globale d'énergie, et ce sont généralement ces sous-écosystèmes qui imposent à l'homme de produire individuellement un maximum de dissipation, selon ses capacités. On est ici dans un schéma spécifiquement holistique, et vraisemblablement fractal et algorithmique (voir plus loin dans le présent chapitre), mais aussi fondamentalement rétroactif.

Autre exemple d'émergence citée par H. Atlan (2011, p. 30), celle consistant dans les propriétés cognitives produites par des interactions de neurones, dont aucun n'a individuellement de telles capacités cognitives. Le concept peut être aussi étendu à la manière dont se définit chaque moment de notre existence : tout instant peut être vu comme une émergence issue de la combinaison d'informations propres aux instants antérieurs (informations anciennes ou apparues dans le passé immédiat). On ajoutera encore que l'existence est une émergence née d'une succession continue de structures dissipatives.

En substance, les émergences résultent de l'interaction d'informations (au sens large) tout en étant productrices de nouvelles informations (cf. plus haut la notion de « bruit », évoquée dans le paragraphe « Définitions de l'information »). En l'espèce, elles jouent un rôle de premier ordre dans les hypothèses développées dans ce livre, notamment parce qu'elles interviennent à tous les niveaux des processus de causalité qui constituent le fil de notre existence.

Remarque de détail : Il n'est pas tout à fait correct d'affirmer que, dans les phénomènes d'émergence, « le tout est *plus que* la somme de ses parties », comme l'énonce la définition d'E. Morin mentionnée tout au début du présent paragraphe.

De fait, « *plus que* » constitue un jugement quantitatif et subjectif ; il serait plus adéquat de considérer que les nouveaux systèmes sont *différents* de la somme de leurs parties. Prenons à titre d'exemple familier de phénomène d'émergence celui d'une phrase, où « *le sens général* émerge *de l'ensemble des sens des mots constitutifs de ladite phrase* » (E. Morin, 1977, p. 106) : il est clair que le sens final de celle-ci est différent de celui propre à chacun des mots qui la composent, mais il n'est pas, à proprement parler, *plus qu'*eux en termes d'importance relative. Et il est également évident que tout effet d'un ensemble de causes constitue une émergence, où le contenu de l'effet est nécessairement « différent » de ses causes (sinon on n'enregistrait pas de processus de causalité), mais pas systématiquement « *plus que* » celles-ci en termes de conséquences.

Informations acquises et informations nouvelles

Pour ce qui nous concerne en tant qu'individus, les émergences se situent au confluent de deux catégories spécifiques d'informations : d'une part, celles que nous avons accumulées et mémorisées et, d'autre part, celles qui nous parviennent dans l'instant présent. Nous avons choisi de les dénommer respectivement *informations acquises* et *informations nouvelles*.

Principe des « informations acquises »

Comme nous l'avons vu, l'homme, comme tout organisme vivant, est très régulièrement en état de désorganisation. En tant que structure dissipative, il contre cet état, sur le plan physiologique, via des apports d'énergie prodigués principalement par son alimentation et l'énergie solaire. Ces apports produisent une organisation éphémère puisqu'il faut la renouveler sans cesse. Pour ce qui concerne son fonctionnement comportemental, l'homme a développé – sous l'influence de la sélection naturelle appliquée à la culture et au comportement (cf. chapitre I) – un ensemble d'outils organisateurs au premier plan desquels se situent des facteurs d'information. Ceux-ci doivent aussi être constamment renouvelés.

On appellera *informations acquises* les informations (au « sens restreint », principalement) « stockées » durablement par les structures dissipatives susceptibles d'en stocker ; en ce qui concerne les humains et l'ensemble des organismes vivants, il s'agit des informations acquises/apprises qui déterminent leur fonctionnement et leur comportement en tant qu'outils organisateurs – selon leur adéquation à des circonstances spécifiques –, c'est-à-dire en tant qu'outils producteurs de néguentropie préalable à une production d'énergie libre, dont une partie pourra être dissipée d'une manière aussi maximisée que possible. Ce concept s'applique également aux phénomènes culturels et aux robots.

Les *informations acquises* sont, avec le temps, sujettes à la dégradation/désorganisation (l'entropie) et, par voie de conséquence, régulièrement remises en question ; certaines *informations acquises* (notamment celles que nous considérons comme des « certitudes ») peuvent avoir la vie longue (même si la majorité d'entre elles finissent un jour par se dégrader et/ou subir diverses modifications successives).

Principe des « informations nouvelles »

On appellera *informations nouvelles* les informations ponctuelles et nouvellement venues, porteuses d'organisation, et qui sont, dès lors, susceptibles de devenir, à terme, des *informations acquises.* Il s'agit d'informations issues de manière immédiate de l'environnement (vues, entendues, ressenties, etc.). Toute *information acquise* a nécessairement été une *information nouvelle* à un stade antérieur, sélectionnée en fonction de sa complémentarité avec les *informations acquises* déjà « stockées ».

Les *informations acquises* sont les informations que nous conserverons à moyen ou à long terme, dès lors qu'elles constituent le réservoir de celles qui seront utilisées pour assurer notre organisation (y inclus celles qui, au départ, alors *informations nouvelles,* ont joué un rôle fortement désorganisateur dans notre existence : elles peuvent nous rappeler ce qu'il faut éviter de faire pour ne pas desservir nos comportements en termes d'organisation).

Informations acquises, informations nouvelles et émergences

Si l'on considère le schéma thermodynamique de fonctionnement des structures dissipatives mentionné dans un encadré au chapitre I (information captée => production de néguentropie => production d'énergie libre => dissipation d'énergie), il peut être précisé de la manière suivante : émergence d'informations issues de la conjugaison d'*informations acquises* et *nouvelles* => production de néguentropie => production d'énergie libre => dissipation d'énergie. Il y a lieu d'ajouter que la dissipation d'énergie (à savoir une évacuation d'entropie) peut se concevoir comme une évacuation d'informations vers l'environnement. Communiquer des informations autour de nous constitue, selon nous, un procédé entrant dans le jeu de notre maximisation de dissipation d'énergie.

Comme nous l'avons mentionné plus haut, nos *informations acquises* subissent à la longue les effets de l'entropie. Le contenu de bon nombre d'entre elles finit par perdre son caractère néguentropique, eu égard à la transformation de l'environnement dans lequel il s'exprime. D'où notre sensibilité aux *informations nouvelles*, qui sont de nature à renouveler notre « stock » d'*informations acquises*. Il en va ainsi, par exemple, des phénomènes de mode ou de l'évolution des codes sociaux, phénomènes innovants et, partant, à potentiels (ré)organisateurs. Notre souscription à ces types de phénomènes est souvent de nature à favoriser notre intégration sociale, intégration bénéfique en termes d'accès aux ressources en information, en énergie et en matière favorables à notre organisation néguentropique.

Les *informations nouvelles*, en « se mêlant » aux *informations acquises*, peuvent susciter des émergences de nouvelles informations, lesquelles, pour autant qu'elles se révèlent durables et organisatrices, se mueront à leur tour en *informations acquises*. De fait, une information de type *information nouvelle* transitera toujours par le prisme des *informations acquises* avant de produire d'éventuels effets organisateurs. Une *information nouvelle* a souvent un caractère d'innovation (elle est toujours un « bruit » – voir ci-après), à savoir un caractère d'information potentiellement organisatrice.

Si l'on considère le processus de cause à effet (dont il sera plus largement question au chapitre V), ce processus nécessite au minimum un fait initial (la cause) et un déclencheur d'effet (un « bruit ») appliqué à ce fait. Il faudra donc une interaction entre au moins deux facteurs porteurs d'information. Cette interaction constituera une émergence (l'effet), à savoir une nouvelle information. Concrètement, le comportement humain s'articule sur des processus de cause à effet au gré d'une succession d'émergences résultant de l'interaction d'*informations acquises* (même de très courte ancienneté), à savoir une ou plusieurs données « enregistrées » initialement, avec des *informations nouvelles*, à savoir un ou plusieurs déclencheurs d'effet.

« Bruits »

Revenons-en au phénomène « bruits », dont il a été question plus haut. Au départ, l'*information nouvelle* est ce que l'on appelle un « bruit », à savoir, au moment de son apparition, un facteur de désorganisation instantanée (dès lors qu'il s'agit d'un facteur de nouveauté interrompant le cours des choses) qui va plus ou moins rapidement déclencher la réorganisation (en fait, l'apparition d'une nouvelle structure dissipative) ; nous avons vu par ailleurs que toute organisation impliquait une désorganisation préalable ; celle-ci est toujours l'objet d'un « bruit » ou d'un ensemble de « bruits ». Il y a donc dans le cours des choses qui façonnent notre existence – la succession d'états d'organisation, de désorganisation et de réorganisation – une succession infinie de *bruits* (autrement dit de « ruptures »). Les émergences nées de la conjugaison entre *informations acquises* et *informations nouvelles* constituent des facteurs de réorganisation consécutifs à des *bruits/ruptures*.

Imaginons un individu assis dans un fauteuil, qui, à un moment donné, se rend compte qu'il a faim ; aussitôt, il se lève pour aller prendre un fruit dans son frigo. La connaissance, à la suite d'une longue expérience, de la sensation de faim, appartient à la catégorie des *informations acquises*. Toutefois, la survenance inattendue de cette sensation constitue, dans l'instant même, une forme d'*information nouvelle*. Celle-ci (la sensation de faim instantanée) reflète un état de « désordre » – ou, autrement dit, de désorganisation – à savoir un état de type entropique. Mais, en l'occurrence, un apport d'énergie (le fruit consommé) aboutit à recréer de la néguentropie (état de réorganisation). La sensation de faim est ici un « bruit » intervenu dans un état de désorganisation, préalable à l'état de réorganisation généré par la consommation du fruit. (Dans certains cas d'exception, l'*information nouvelle* et le « bruit » qu'elle constitue peuvent, au départ, se révéler fortement et durablement désorganisateurs, par exemple, dans le cas de l'annonce d'une catastrophe ; mais, à terme, la première réaction – désorganisatrice – aura généralement des prolongements (ré)organisateurs, à savoir des effets modifiant plus ou fortement le comportement d'une manière innovante).

On ne soulignera jamais assez que le fil de notre existence consiste dans une succession continue d'états d'organisation et de désorganisation avec « bruits/ ruptures » préalables à des états de réorganisation. Cette succession d'états correspond, rappelons-le, à la succession d'états d'entropie et de néguentropie propre au fonctionnement des structures dissipatives : comme nous l'avons vu, l'évacuation d'entropie (la dissipation d'énergie) – aboutissement d'un état de désorganisation – suscite simultanément une production de néguentropie (état de réorganisation). La réorganisation est notre souci constant. Pour la mener à bien, il faut l'intervention de « bruits », lesquels relèvent d'apports en informations de préférence à caractère innovant (apport qui correspond, comme nous l'avons souligné par ailleurs, à une production de néguentropie). Tous nos actes ont pour objet de favoriser (de rétablir) notre état d'organisation/néguentropie. Dans nos relations sociales et affectives, le défaut d'apport en informations (ré)organisatrices provoque des distances, des mal-être, voire des conflits. Le comportement désorganisateur d'un ami ou d'un partenaire peut, dans de nombreux cas, susciter une réaction de « bruit » de la part de son interlocuteur en vue de produire à son profit ou au profit des deux intervenants un état de réorganisation ; mais si ce « bruit » n'a pas d'effet réorganisateur dans le chef du premier interlocuteur, celui-ci va peut-être, à son tour, tenter de déclencher un « bruit » susceptible de rétablir l'organisation commune. Ce jeu de désorganisation/bruit/réorganisation peut durer un bon bout de temps et conduire, parfois, à des discussions sans fin, voire, au bout des échanges, à une rupture de la discussion faute d'avoir pu rétablir un état de réorganisation accepté par les deux interlocuteurs. Cette incapacité peut déclencher des situations de colère ou encore, à la longue, à des séparations et des divorces. Le manque d'apports en informations innovantes (qui sont, en tant que telles, des « bruits »), par exemple dans un couple, est cause d'états de désorganisation durables. C'est pourquoi la routine – qui correspond à un manque durable de « bruits » – est à l'origine de bien des séparations.

Sur le site en ligne *Slate* (30/08/2016), B. Viennot se rapporte à un article de l'archéologue T. Stone (publié sur *Medium.com*) et note que, si l'on en croit celui-ci, « L'histoire humaine est faite de cycles de catastrophes qui se répètent inlassablement, qu'il s'agisse de la chute de l'Empire romain, de la Grande Peste, de la Guerre de Trente ans, de la Shoah [...] » et pourtant, relève-t-elle également, « Après chaque cataclysme [...] les humains reprennent le dessus, continuent, avancent et, le plus souvent, progressent ». Au moment où elle publie ces propos, B. Viennot considère que l'élection de D. Trump, ajoutée au Brexit et à l'émergence – notamment – des pouvoirs toujours accrus de V. Poutine et de R. Erdogan constituent le début d'un nouveau cycle de « *catastrophes* » et que tous ces phénomènes sont liés entre eux à ce moment de l'Histoire du monde (on revient ici aux propos du début de la partie « Introduction » de ce livre). Autre considération de T. Stone dans le même contexte : « Si l'on se fie à l'histoire, nous sommes en retard d'une nouvelle période de destruction, et si l'on se fie à l'histoire, tous les indicateurs signalent que nous sommes en train d'y parvenir. »

Plutôt que de parler de « catastrophes », nous préférons, comme nous l'avons noté plus haut, utiliser les termes « bruit » ou « rupture ». De fait, les catastrophes considérées ici sont appelées à être des « bruits réorganisateurs », grâce auxquels, comme il l'est écrit dans la citation ci-dessus, « les humains reprennent le dessus, continuent, avancent et, le plus souvent, progressent ».

Le nouveau cycle de bruits/ruptures ne se limite pas aux seuls phénomènes mentionnés par B. Viennot ; l'explosion technologique et la perspective relativement proche du transhumanisme sont – entre autres – autant d'avancées de type « rupture ». Tel est également, à d'autres périodes, le rôle joué par les guerres, les crises économiques et autres cataclysmes naturels. L'ensemble de ces phénomènes rupteurs, facteurs intervenant en phases de désorganisation, conduit, à terme, à maintenir l'homéostasie (état d'organisation) de notre écosystème global.

On se souviendra que les « Trente Glorieuses » ont succédé à la Deuxième Guerre mondiale – fruit de la désorganisation économique (et politique) des années précédant cette guerre – phénomène illustratif du processus désorganisation-rupture-réorganisation.

La Théorie de l'information (données limitées aux besoins du présent ouvrage)

La Théorie de l'information nous intéresse principalement dans la mesure où elle nous permet de mettre en évidence le rôle de l'inédit et de l'innovation en tant que facteurs d'information producteurs d'organisation.

Il s'agit, au départ, d'une théorie mathématique élaborée par C. Shannon, appliquée aux outils techniques de la télécommunication. Elle a été conçue pour étudier les moyens permettant de transmettre l'information le plus rapidement possible et avec un maximum de sécurité via les canaux de télécommunications, dans un but économique évident. Il s'agit d'éliminer, dans un message, le maximum d'éléments qui nuisent à la réception du contenu et/ou qui n'apportent pas de véritable information au récepteur.

C'est ainsi, d'une part, qu'il convient de supprimer dans la transmission des messages ce que la théorie appelle les *bruits* et les *redondances*. Le *bruit* représente dans ce contexte, les perturbations dans le canal de communication qui ont pour effet de brouiller le message. La *redondance* (les répétitions) est tout ce qui apparaît en surplus dans la transmission du message.

D'autre part, le caractère d'incertitude des informations est pris comme mesure de celles-ci, de sorte qu'elles sont définies par leur niveau de probabilité : plus une information est au départ improbable, plus elle est digne d'intérêt, tandis qu'une donnée certaine ou déjà connue ne contient aucune information. Il en découle, au départ, l'utilité, sur le plan économique, d'éviter autant que possible de transmettre des messages peu porteurs d'information via les réseaux de télécommunications.

Selon nous, ces critères de qualité s'appliquent tout autant à la vie courante (quand bien même le contenu de l'information n'était, au départ, envisagé par C. Shannon que dans la seule optique d'une appréciation *quantitative*) : plus la survenue d'un élément dans un message semble improbable, plus elle est chargée d'information. Selon la Théorie de l'information, une information qui demeure éternellement semblable à elle-même évolue inéluctablement dans la voie d'un accroissement d'entropie, à savoir dans le sens d'un état de désorganisation. *A contrario*, une information qui évolue en se complétant de données au départ improbables – à savoir, en l'espèce (selon nous), de données inédites et/ou innovantes – sera productrice de néguentropie, c'est-à-dire d'état d'organisation.

On peut constater que la notion d'information telle qu'elle ressort de la Théorie de l'information et de ses extrapolations s'inscrit également dans la définition générique de l'information énoncée plus haut.

L'auto-organisation

Nous avons traité plus haut de l'organisation. Le phénomène d'auto-organisation nous intéresse dans la mesure où il constitue une forme particulière de mécanisme d'organisation entrant en jeu dans le fonctionnement des structures dissipatives.

Wikipédia (article « *Auto-organisation* ») en donne la définition suivante :

> « Phénomène de mise en ordre croissant et allant en sens inverse de l'augmentation d'entropie, au prix d'une dissipation d'énergie [...]. Le terme auto-organisation fait référence à un processus dans lequel l'organisation interne d'un système, habituellement un système hors équilibre, augmente automatiquement sans être dirigée par une source extérieure. »

Toutefois, suivant D. Lambert (1999) :

> « Les conditions initiales particulières dans un système auto-organisé ne sont pas, dans la plupart des cas, autoproduites par le système lui-même, mais sont imposées de l'extérieur. On n'a donc pas, au sens strict, une complète auto-organisation. » (p. 217)

Cette nuance mérite d'être soulignée dans le contexte de notre approche, qui récuse l'existence de phénomènes *ex nihilo* (cf. chapitre V). E. Morin, quant à lui, désigne le principe d'auto-organisation comme étant le « *désordre organisateur* ».

Comme dans le cas des phénomènes d'organisation, les phénomènes d'auto-organisation et d'information sont étroitement liés. Suivant H. Atlan :

> « Un processus d'auto-organisation peut être compris comme une augmentation de quantité d'informations, en l'absence d'action programmatrice de l'extérieur. La source de nouveauté réside dans des perturbations [...] d'origine externe (stimuli non programmés) ou internes (fluctuations thermodynamiques) auxquelles le système réagit par une augmentation de diversité. » (2011, p. 70-71)

Toute forme d'auto-organisation s'apparente à une structure dissipative, dans la mesure, notamment, où elle a pour principale caractéristique – à l'instar de toute forme d'organisation – son aptitude à produire de la néguentropie (via l'information). Comme le confirme B. Feltz (*Ouvrage collectif*, 1999, p. 492), elle est aussi un facteur ou un produit d'émergences :

> « Le concept d'émergence est souvent associé au concept d'auto-organisation dans la mesure où les modèles auto-organisationnels tendent à rendre compte de l'apparition d'une organisation à partir d'une situation de désordre ».

Enfin, on se rappellera que toute organisation, au sens où nous l'entendons ici, est éphémère et doit en permanence s'auto-régénérer. E. Angelier souligne à ce propos que « *les constituants du vivant, protéines, cellules... ont une durée de vie limitée. Les systèmes vivants se réorganisent sans cesse. L'auto-organisation est alors une réorganisation permanente* » (2008, p. 177). Ces propos s'apparentent à nos considérations sur la succession de cycles d'organisation/désorganisation/réorganisation qui régissent notre existence.

> *« Thermodynamiquement, la croissance mondiale de dissipation d'énergie, c'est-à-dire la croissance économique et démographique, est liée à l'auto-organisation de l'humanité. Cette auto-organisation est rendue possible par la croissance continue des échanges d'informations entre individus. »*
> (F. Roddier, 2012, p. 148)

La *cybernétique* et l'*autopoïèse* constituent, à leur manière, des processus d'auto-organisation. Nous y reviendrons à la fin de ce chapitre.

Émergence, « bruit », innovation, organisation

Deux citations :

> – « Le concept d'émergence renvoie historiquement à ces diverses connotations de nouveauté, imprédictibilité, apparition d'un ordre à partir du désordre, apparition d'une organisation à partir du chaos. » (B. Feltz in *Ouvrage collectif*, 1999, p. 496)
> – « Dans l'idée d'émergence (il y a l'idée) de produit, puisque l'émergence est produite par l'organisation du système, (et de) nouveauté, puisque l'émergence est une qualité nouvelle par rapport aux qualités antérieures des éléments. » (E. Morin, 1977, p. 108)

Ces propos soulignent que les émergences possèdent souvent un caractère innovant lié à leur caractère d'imprédictibilité et sont, de ce fait, régulièrement porteuses d'information au sens que nous avons déduit de la Théorie de l'information.

On notera encore que la *complexité*, parce qu'elle résulte de l'interaction d'informations multiples, constitue un important déclencheur de mécanismes d'émergence au sein des systèmes auto-organisés. Par ailleurs, nous avons souligné, au travers d'une citation de P. Bertrand (2008, p. 15) mentionnée au chapitre I, que « le terme de complexité signifie notre incapacité à prédire l'évolution d'un système au-delà d'un certain nombre d'itérations, compte tenu de son comportement non linéaire et de la sensibilité aux conditions initiales ». Étant donné, d'une part, que cette sensibilité est la caractéristique fondamentale du chaos (au sens de la Théorie du chaos) et, d'autre part, que la complexité est facteur d'émergences, il n'est pas surprenant que, selon le même auteur, « le chaos joue un rôle important dans l'éclosion des émergences » (*ibid.*, p. 196). En conclusion, il se produit, dans les systèmes complexes et chaotiques, des émergences largement imprédictibles, à savoir des phénomènes générateurs d'innovations. Et H. Atlan abonde dans le même sens lorsqu'il souligne que « la source de nouveautés réside dans les perturbations imprévisibles auxquelles le système réagit par une augmentation de diversité » (2011, p. 70-71) (cette augmentation de diversité étant assimilable à un état de complexité). C'est dans ce contexte que H. Atlan a conçu le principe de « complexité par le bruit » (« les perturbations jouant le rôle de ce que la Théorie de l'information appelle le bruit dans les voies de communication à l'intérieur du système » – *ibid.*, p. 70-71), soulignant au passage que ce principe peut avoir un rôle organisateur, ainsi que nous l'avons indiqué plus haut au paragraphe « Bruits ». À titre d'exemple, biologique, H. Atlan note qu'« une erreur dans la copie d'un message dans l'organisation du vivant peut provoquer une mutation écologique évolutive, de sorte que l'erreur provoque un accroissement de complexité organisationnelle ». On a alors affaire à ce qu'il a appelé du « bruit organisateur » (au départ désorganisateur).

De ce qui précède, il importe de retenir que l'instabilité, la complexité, la sensibilité aux conditions initiales (le chaos), la diversité sont régulièrement des facteurs d'émergences (de « bruits ») et, partant, d'innovations, et que ces facteurs peuvent, selon les cas, concourir à générer de l'information organisatrice. Ce constat est déterminant dans le développement de nos hypothèses, car, ainsi que nous le verrons, c'est notamment parce que l'émergence d'innovations constitue un facteur essentiel de l'organisation (et donc de néguentropie) de notre système socio-économique que nous assistons à un développement constant de nouveaux produits et de nouvelles structures, dont font partie, à l'heure actuelle, les nouvelles technologies de l'information. Que ces technologies innovantes concernent avant tout l'information n'est, du reste, pas surprenant dès lors que l'information constitue la source essentielle de l'organisation/production de néguentropie. On ajoutera que les crises et les remises en question de tous ordres (phénomènes de type *bruit*) sont productrices de complexité et de diversité, et sont, de ce fait, fréquemment productrices, à terme, d'informations à caractère organisateur.

Ainsi que nous le constatons très régulièrement au fil de l'existence, l'innovation et l'inattendu sont de nature à contrer l'usure, la lassitude, la stagnation, la dégradation, les désordres de l'existence. Ils s'inscrivent dans la continuité cyclique des productions de néguentropie contribuant à stabiliser ou à ralentir momentanément les effets à notre égard de l'accroissement de l'entropie. Ils peuvent, par exemple, relancer l'amitié et les relations sentimentales, mais aussi la valeur commerciale de produits industriels, ou encore débloquer la stagnation de valeurs culturelles. L'innovation est aussi la matière première de la production artistique. Son pouvoir néguentropique la rend profondément organisatrice.

En substance, l'innovation est essentielle dans le contexte de l'accroissement constant de la dissipation d'énergie, puisqu'elle favorise la production d'informations à caractère organisateur préalables à la production d'énergie libre. Un exemple simple : l'introduction de nouvelles modes vestimentaires (informations innovantes) est de nature à relancer l'industrie des vêtements et de la couture, de sorte que, grâce à des revenus supplémentaires, elle soit en mesure de produire un complément de travail (énergie libre) qui se transformera partiellement en un complément (une maximisation accrue) de dissipation d'énergie.

Les échanges d'informations

Les échanges d'informations entre individus constituent potentiellement des apports de ressources à caractère organisateur pour au moins une partie des interlocuteurs. Et, dans les faits, il semble bien que nous recherchions en particulier (et la plupart du temps) les contacts avec les éléments dispensateurs d'informations à potentiel organisateur, ces éléments pouvant être des individus ou toute autre source d'information (médias, musées, spectacles, sites naturels…). Car il s'agit toujours et avant tout, pour chacun de nous, d'optimiser notre production de néguentropie par des apports variés d'informations, dans le contexte de la maximisation de la dissipation d'énergie.

L'information est dispensatrice de connaissance et de bien-être (cf. chapitre X). De fait, il est important que nous soient communiquées des données utiles, par exemple, à notre intégration sociale, à la perception et la compréhension du monde dans lequel nous vivons, à l'exercice de notre métier ou encore à notre santé. De telles informations jouent, de toute évidence, un rôle organisateur important. L'organisation, c'est la gestion du quotidien, c'est l'aptitude à innover, c'est tout ce qui est favorable à notre production d'énergie libre puis à sa dissipation partielle. Étant donné, d'une part, que l'organisation relève d'un apport continu d'informations à caractère néguentropique et, d'autre part, que l'entropie croissante est omniprésente, il nous faut constamment de nouveaux arrivages d'informations (ré)organisatrices, dont, autant que possible, des informations inédites et innovantes.

Une remarque en passant : la nécessité d'accumuler de plus en plus d'informations implique que l'on économise autant que possible le temps passé à l'écoute ou à la lecture de chacune de celles-ci (informations considérées ici dans leur « sens restreint »). Le contenu des journaux sous forme papier (de même que de nombreux ouvrages de sciences de la nature et de sciences humaines également sous forme papier) est fréquemment trop long, assorti de considérations « parasites ». La forme des messages sur les réseaux sociaux (dont l'excellent exemple de Twitter) et de bon nombre de journaux en ligne est désormais, à bon escient, plus économe en temps que celle des ouvrages sous forme papier : ils vont plus directement aux faits, dans un esprit de synthèse innovant. Ce n'est pas par hasard non plus que les modes d'emploi d'aujourd'hui sont généralement réduits au strict minimum. À défaut de pouvoir, dans des matières complexes, échapper à certaines longueurs impliquées par la précision nécessaire des propos, il peut s'avérer utile d'intégrer des brèves synthèses à divers endroits des ouvrages publiés, permettant d'éviter des efforts de relecture de certains passages ou de certains développements difficultueux. Ceci explique la présence à la fin de ce livre d'un chapitre de synthèse (chapitre XI, « La substantifique moelle »).

L'Information dans tous ses états

On trouve dans notre environnement une foule d'informations sous diverses formes, existant de façon latente tant qu'elles n'ont pas été perçues. Lorsque nous les avons perçues (*informations nouvelles*), on peut dire qu'elles nous ont été communiquées. Par exemple, le spectacle potentiel d'un objet préexiste à sa découverte ; ce spectacle n'est communiqué que lorsqu'un récepteur prend conscience/connaissance de l'information représentative de l'existence – et de la signification éventuelle – de cet objet. En d'autres termes, l'information est incluse dans tout ce qui est susceptible de s'exprimer (de se communiquer) dans le monde sensible. Et contrairement à une conception généralement répandue, l'information peut être véhiculée à partir d'une structure non vivante : d'une certaine manière, à titre d'exemple, le mur nous informe de sa couleur.

La musique, les expositions, les écrits, les parfums, la gastronomie, les spectacles de toutes sortes, tout ce qui est susceptible de produire des sensations ainsi que tout ce qui génère de la connaissance (la lecture, par exemple), sans oublier bien entendu les apports en énergie et en matière, constituent autant de types d'informations utiles, *in fine*, à la production de dissipation d'énergie. L'homéostasie de la structure dissipative auto-organisée qu'est l'humain se maintient grâce à la complémentarité et la diversité de tels types d'informations (auxquels s'ajoutent d'autres catégories d'informations telles celles à caractère biologique). Plus ces types d'informations seront complexes et nombreux, plus ils seront producteurs de néguentropie et, partant, de dissipation d'énergie. Comme il l'est souligné par ailleurs, les individus les mieux informés (dans la diversité) sont ceux qui s'en sortent le mieux dans le jeu de la sélection naturelle.

La vie est information : tout mouvement, tout événement, toute relation se produit avec l'appoint d'informations. Privé de celles-ci, le cerveau ne pourrait fonctionner (il est un mécanisme de traitement d'information), de sorte que l'homme ne pourrait vivre ni survivre, constat que corrobore E. Morin (1977, p. 309) : « l'information règne sur la vie. Il était normal qu'elle occupe le poste de commandement de l'organisme : le cerveau » ; « c'est parce que l'information est une réalité organisatrice et néguentropique qu'elle a pu être appliquée avec succès [...] au phénomène vivant » (*ibid.*, p. 308). Comme le souligne par ailleurs l'article « Information » de Wikipédia, « un organisme vivant ne peut rester organisé que par les informations qui le lient. Toute rupture d'information (sociale, nerveuse, chimique) entraîne la dégénérescence d'une partie ou de l'ensemble ». L'information constitue en toutes matières un moteur d'organisation qui s'oppose à la tendance naturelle au désordre (l'augmentation de l'entropie).

Consubstantialité de l'énergie-matière et de l'information

Cette consubstantialité a déjà été évoquée dans ce chapitre. On ajoutera ci-après quelques précisions.

Pour E. Morin (1977, p. 307), « l'information devient non seulement une grandeur physique, mais une notion inconcevable en dehors d'interactions avec énergie et entropie » ; pour P. Bertrand (2008, p. 19), « un échange d'information entre un système et le monde extérieur requiert une médiation. Celle-ci ne peut se faire que par un échange de matière et d'énergie » ; selon L. Brillouin, l'information est le facteur de contrôle et d'organisation de l'énergie.

Par ailleurs, on peut trouver un lien de consubstantialité entre information et énergie dès lors que, comme le mentionne L. Brillouin, « Tout système par lequel on enregistre une information se dégrade au cours du temps » (*ibid.*, p. 258) ; or, il en va de même pour tout système énergétique. L. Brillouin fut également l'un des premiers à considérer que l'on pouvait transformer de la néguentropie en information et de l'information en néguentropie.

Autre lien de parenté : comme le souligne encore F. Roddier, un individu qui limiterait sa capacité à traiter et à dissiper de l'énergie se verrait, tôt ou tard, éliminé dans sa compétition avec les autres. Il en va de même d'une limitation de la capacité à traiter de l'information : comme nous le verrons, les individus peu informés dissipent peu d'énergie et sont, de ce fait, marginalisés par la sélection naturelle. On ajoutera – point important – que toute transformation d'énergie est porteuse de l'information de sa propre transformation. Comme l'écrit M. Forsé (1989. p. 81), « Toute mesure, toute acquisition d'information suppose une interaction par elle-même consommatrice d'énergie » (et il ajoute : « la connaissance qui en résulte représente une certaine quantité de néguentropie »). L'ensemble de ces propos illustre la consubstantialité des mécanismes énergétiques et d'information. (À noter que nous traitons de consubstantialité et non de caractère identique, information et énergie-matière étant intrinsèquement des phénomènes différents).

Complément en lien avec le paragraphe « L'auto-organisation » : cybernétique et autopoïèse (quelques données élémentaires)

Nous avons indiqué plus haut que la *cybernétique* et l'*autopoïèse* étaient étroitement liées au phénomène d'auto-organisation. Voyons dans les grandes lignes en quoi consistent ces deux domaines de la connaissance.

La *cybernétique* est, en substance, la science des systèmes autorégulés. On se limitera ici aux liens qu'elle entretient avec les processus de feedback qui font partie de l'éventail des domaines d'études auxquels elle s'est consacrée, processus entrant en ligne de compte dans les mécanismes d'auto-organisation. À l'instar de ces types de mécanisme, le phénomène cybernétique « est une propriété émergente d'un système et non une propriété imposée de l'extérieur du système » (cf. plus haut dans ce chapitre la définition de l'auto-organisation par H. Atlan). Quant au feedback, il s'agit, d'après N. Wiener (créateur du terme cybernétique et théoricien fondateur de la théorie qui s'y rapporte), « de la commande d'un système au moyen de la réintroduction, dans ce système, des résultats de son action [...] ; il n'est pas autre chose que la possibilité de définir la conduite future par les actions passées » (1962, p. 28 et 29). En d'autres termes, il s'agit d'un processus de rétroaction, selon le même N. Wiener paraphrasé ici par P. Breton (1997, p. 27-28) :

> « La rétroaction sert à désigner la capacité d'un dispositif quelconque à recevoir et à émettre les informations nécessaires au maintien d'un équilibre donné. Le thermostat [...] est ainsi un dispositif qui analyse les inputs (la température extérieure), les compare à une valeur prédéterminée supposée être la valeur d'équilibre, et envoie des outputs destinés à maintenir la température au niveau de la valeur d'équilibre. »

N. Wiener précise que la fonction des mécanismes de rétroaction « est de contrôler une tendance [...] au dérèglement, en d'autres termes, de produire une inversion temporaire du sens normal de l'entropie ». (1962, p. 28-29)

C'est encore N. Wiener qui a fait le lien entre la cybernétique et le système social :

> « Il est certain que le système social est une organisation au même titre que l'individu, délimitée et maintenue par un système de communication, et qu'il possède une dynamique dans laquelle les processus circulaires de type feedback jouent un rôle important. » (cité par P. Masani, 1986, p. 24)

Quant à l'*autopoïèse*, elle consiste dans la capacité d'un système à s'autoproduire d'une manière constante et en interaction avec son environnement, de telle sorte qu'il conserve sa structure en dépit du changement de composants.

Une définition proposée par A. Mathieu (2011) :

« L'autopoïèse est le "pattern" d'organisation d'un réseau dans lequel chaque composant a pour fonction de participer à la production ou à la transformation des autres composants du réseau. [...] Comme chaque composant est produit par les autres composants du réseau, le système entier est clos sur le plan de l'organisation. »

Dans l'interaction des systèmes autopoïétiques avec l'environnement, les changements au sein des systèmes en question ne sont pas produits comme si une force extérieure s'exerçait sur eux, mais plutôt en transformant leur propre structure en réaction à l'agent perturbateur. Il s'agit donc bien de systèmes auto-organisés. Pour H. Maturana et F. Varela, les inventeurs du concept d'autopoïèse, l'exemple-type d'un tel système est la cellule biologique ; selon ces derniers :

« Le métabolisme cellulaire produit des composants qui font partie du réseau de transformation qui les a produits. Certains de ces composants forment une frontière à ce réseau (frontière appelée membrane) [...] S'il ne bénéficiait pas de cet arrangement spatial, le métabolisme cellulaire se désintégrerait en une soupe moléculaire [...] qui ne constituerait plus l'unité discrète qu'est la cellule. » (1994, p. 34)

Ce concept autopoïétique a été extrapolé au système social par N. Luhmann. Ce sociologue allemand considère en effet que les systèmes sociaux sont des entités autopoïétiques, leur structure auto-organisée et leurs « frontières » (lieu informel de séparation des strates sociales, équivalent de la membrane des cellules) les rendant fortement indépendants les uns des autres.

Chapitre III

Environnement et interactions

L'homme au sein de l'écosystème

Les liens entre les différentes composantes de l'environnement s'inscrivent dans des multitudes de réseaux interactifs transporteurs d'informations, réseaux qui, mis ensemble, constituent les écosystèmes. Notre environnement, c'est l'écosystème global (la Terre) et ses « sous-écosystèmes » sociaux. Les individus sont des éléments participatifs de l'auto-organisation de ces différentes formes d'écosystèmes. L'écosystème global est une structure auto-organisée, de même que les sous-écosystèmes « naturels » locaux (le milieu non humain) et les sous-écosystèmes sociaux (qui, d'une autre manière, sont également naturels puisque les hommes sont des produits de la nature). L'écosystème global est une structure, un organisme, un corps composé d'une multitude d'organes inter-reliés comme le sont les organes du corps d'un organisme vivant. L'homme lui-même, structure dissipative, est une structure auto-organisée et, en quelque sorte, un petit écosystème. L'influence de ces structures écosystémiques les unes sur les autres est fonction de la hiérarchie qui les inclut les unes dans les autres, de sorte que le comportement de l'individu est principalement déterminé par l'ensemble écosystème global-sous-écosystèmes auquel il appartient. Bien entendu, il y joue un rôle non négligeable, dans un contexte rétroactif d'interactions entre lesdits écosystèmes (écosystèmes global, locaux, sociaux) et lui-même. La hiérarchie écosystémique est la suivante : écosystème auto-organisé par interactions 1°) entre les éléments composant notre Univers ; 2°) entre le soleil et les planètes ; 3°) entre notre planète et les organismes vivants ; 4°) entre les organismes vivants de la Terre ; 5°) entre les organes du corps, etc. L'homme est une pièce du puzzle de son écosystème social qui est une pièce de l'écosystème global. Chaque sous-structure (dissipative) est un élément qui permet à la structure globale de fonctionner. Fonctionner, pour toute structure dissipative, consiste à modifier les taux d'entropie, à savoir produire de la néguentropie avec pour effet, *in fine*, d'externaliser de l'entropie.

Dans l'écosystème global (la Terre), toute désorganisation – effet de l'accroissement de l'entropie – est tôt ou tard réglée, d'une manière éphémère, par l'une ou l'autre forme de réorganisation (à laquelle succédera une nouvelle forme de désorganisation). Ainsi que nous l'avons vu, c'est le propre de toute structure auto-organisée et, partant, de toute structure dissipative, dont l'homme. Autrement dit, toute désorganisation infligée par l'homme à son écosystème global ou au sous-écosystème social auquel il appartient sera tôt ou tard contrée par une nouvelle forme d'organisation qui sera, un temps, adaptée au problème. À titre d'exemple, la relative désorganisation provoquée par la disparition de certaines espèces animales sera réglée tôt ou tard – parfois à très long terme – par des processus de réorganisation compensatoires, l'écosystème organisant toujours, en aval et d'une manière parfois très différée dans le temps, une solution de rééquilibrage pour sa stabilité homéostatique (le terme « homéostasie » a été défini par W.B. Cannon comme étant l'ensemble des « processus physiologiques qui maintiennent la plupart des états stables dans l'organisme » ; il s'applique également à toute forme d'organisme vivant, telle la Terre et son auto-organisation écologique). L'état d'homéostasie des structures dissipatives implique des processus de maintien éloigné de l'état d'équilibre (au sens thermodynamique), à savoir les processus liés aux états d'organisation et de réorganisation (l'état d'homéostasie n'est pas figé). La disparition des dinosaures ou encore celle des Néandertaliens n'a nullement abouti à déliter durablement l'état homéostatique de l'écosystème global. La réorganisation a sans doute pris du temps mais elle a toujours fini par avoir lieu d'une manière ou d'une autre. Dès lors, la formule « sauver la planète » n'a, en soi, évidemment pas de sens. Ce que les défenseurs de la qualité de l'environnement souhaitent en fait c'est « sauver l'humanité » puisque la planète, elle, continuera d'exister (d'une manière « vivante ») encore pendant plusieurs milliards d'années. Tout dépendra, en définitive, de l'« utilité », pour la pérennité de l'écosystème Terre, de conserver ou non l'espèce humaine comme facteur d'homéostasie, à savoir de la faculté de cette espèce à maximiser à suffisance de la dissipation d'énergie. Si cette faculté – fondée à la base sur des acquisitions d'informations – devait s'avérer insuffisante, la sélection naturelle éliminerait l'espèce humaine. On se rappellera que la Terre a existé très longtemps sans les hommes ; l'humanité ne constitue, en fait qu'un « moment » dans l'histoire de notre planète et dans son organisation. Il est probable qu'elle disparaîtra à une époque donnée en raison, principalement, des contraintes thermodynamiques propres à la continuité homéostatique de la Terre. Il est vraisemblable qu'elle sera progressivement remplacée ou suppléée, dans un premier temps, par des robots, plus efficaces dans ce contexte (nous y reviendrons plus longuement au chapitre VII). On soulignera que la Terre n'a, pendant très longtemps, pas eu besoin de la présence des hommes et n'en a pas moins maintenu – ou rétabli régulièrement – un état homéostatique durable pendant tout ce temps.

Les formes de chambardements provoqués par l'homme, que l'on considère ordinairement comme portant atteinte à l'environnement, pourraient bien, en vérité, faire partie de la palette des processus d'organisation homéostatique de l'écosystème (cf. le principe de complexité par le bruit d'H. Atlan déjà évoqué et aux termes duquel des « erreurs », qu'il appelle également « bruits », sont génératrices de relance de processus). Autrement dit, il n'est pas interdit de penser que la pollution/dégradation du milieu naturel soit, en définitive, un « bruit désorganisateur » entrant dans le jeu auto-(ré)organisateur de la planète. À toute désorganisation succède de la réorganisation, à tout désordre succède de l'ordre (jusqu'au moment, bien entendu, où l'entropie finit par l'emporter). Cela étant, le rétablissement homéostatique peut prendre beaucoup de temps, à savoir des délais qui dépassent largement une ou deux générations d'humains, sinon davantage. Ce qui ne fait évidemment pas nécessairement notre affaire à l'échelle de notre durée de vie.

En d'autres termes, quand nous participons à la « destruction » de l'environnement, c'est en fait l'environnement lui-même qui s'autodétruit (ou, du moins, qui en donne l'image) étant donné que nous sommes des éléments – parties intégrantes – de celui-ci. D'une certaine manière, on peut former l'hypothèse que c'est l'environnement (l'écosystème), au gré de ses processus de régénération constante (l'écosystème est une structure dissipative, qui dissipe de l'énergie et subit en permanence le jeu de l'accroissement de l'entropie) qui conduit l'homme à l'« agresser », dans un schéma continuel de désorganisation préalable à de la réorganisation. En définitive, les termes « agresser » et « détruire » sont des jugements de valeur. En vérité, les problèmes de santé et de mortalité des humains dus à la transformation de l'environnement ne font réagir l'écosystème global – par voie de sélection naturelle – que dans la mesure où ces problèmes peuvent nuire à terme à son homéostasie. Pour ce qui est de la dégradation de l'écosystème en raison de la surpopulation mondiale, on peut considérer que l'écosystème trouve également des solutions ; cyniquement, la mort par famines ou grandes maladies contagieuses sont probablement des mécanismes homéostatiques engageant le processus de sélection naturelle ; de même pour ce qui est des guerres… Enfin, on peut encore concevoir que notre écosystème ne soit qu'un élément d'un écosystème universel beaucoup plus vaste qui peut, au besoin, le « maltraiter » avec pour effet de pérenniser sa propre homéostasie.

A contrario, on peut aussi conjecturer que l'effort de défense de l'environnement prôné par les écologistes du monde entier fasse partie – par une sorte d'effet cybernétique auto-organisateur – de l'organisation homéostatique de l'écosystème, l'homme et son comportement étant, suivant une approche pleinement déterministe, régentés par ledit écosystème.

Quoi qu'il en soit, l'écosystème, via les mécanismes complexes qui déterminent et favorisent son organisation, est maître de la sélection des espèces qui le constituent, dont l'espèce humaine, sélection dont on sait qu'elle est liée à l'adaptabilité – via l'acquisition d'informations – à l'évolution de l'environnement et à ses impératifs de dissipation d'énergie. Cette adaptabilité s'applique aux comportements individuels, eux-mêmes sélectionnés, notamment, par les sous-écosystèmes sociaux au sein desquels ils s'expriment.

Dans un autre ordre d'idées, il est clair que les dépressions économiques durables ont une incidence néfaste à plus ou moins long terme sur l'auto-organisation des sous-écosystèmes sociaux. Au vu des très nombreux facteurs entrant en ligne de compte dans cette auto-organisation (facteurs historiques, environnementaux, culturels, comportementaux, informationnels, de mondialisation et autres entropiques), il serait fortement erroné de croire à la possibilité de modifier le jeu de la désorganisation entropique caractéristique des crises sociales et économiques par le seul biais de mesures politiques. C'est assurément à tort que nos gouvernants sont fréquemment jugés responsables de tous les maux qui nous affligent. L'auto-réorganisation des sous-écosystèmes sociaux – à l'instar de celle des écosystèmes naturels en souffrance – prend nécessairement beaucoup de temps (et généralement bien plus que la durée d'une législature), d'autant qu'elle relève d'une multitude de réseaux interactifs très complexes d'informations innombrables et le plus souvent imprévisibles. Il faut laisser le temps aux « prédateurs culturels » (tels les nouvelles formules économiques et le développement de nouveaux marchés technologiques et autres commerciaux) d'éliminer les « proies » moribondes (anciennes formules désormais non productives en termes de réorganisation). Dans un premier temps, les hommes politiques ne peuvent que se trouver largement démunis devant l'extraordinaire complexité des nouvelles donnes et face à l'imprédictibilité liée à leurs évolutions.

Les réseaux

Comme nous l'avons mentionné dans l'introduction du présent chapitre, nos relations avec notre environnement sont gouvernées par des multitudes de réseaux interconnectés porteurs d'informations. Les écosystèmes et sous-écosystèmes sont, par excellence, des structures constituées en réseaux. Voyons ci-après quelques-unes des caractéristiques du monde des réseaux (caractéristiques de nature à nous intéresser dans le contexte de cet ouvrage, dès lors qu'elles ont une forte incidence sur le fonctionnement et le comportement des individus).

Tous les phénomènes, quels qu'ils soient, sont corrélés (inter-reliés) dans une causalité globale universelle (faite d'états d'organisation et de désorganisation), de sorte que tout s'inscrit dans un réseau infini de causes à effets. À partir du big bang s'est développée une multitude de phénomènes chimico-physiques qui, tous, sont nécessairement liés au départ par une parenté énergétique et qui, d'une manière ou d'une autre, entretiennent entre eux des liens directs et indirects d'incidences réciproques. C'est ainsi que tous les éléments constitutifs de la matière sont des lieux d'interconnexions ; comme le rappelle J. Reisse (2011, p. 296) :

> « Les quarks interagissent entre eux pour donner les baryons, les baryons interagissent entre eux pour donner les noyaux atomiques, les noyaux atomiques interagissent avec les électrons pour donner des atomes, et des atomes aux molécules, des molécules aux systèmes supramoléculaires, des systèmes supramoléculaires aux unicellulaires, des unicellulaires aux pluricellulaires, tout n'est qu'affaire d'interactions interactives. À l'échelle macroscopique, il en va de même : gaz et poussières interstellaires se condensent en systèmes stellaires et ceux-ci s'assemblent en galaxies qui, entre elles, forment des amas. Ces amas, à leur tour, se structurent en superamas. »

Les phénomènes des réseaux, lieux des interconnexions, ont fait l'objet de diverses approches théoriques, dont la *Théorie des graphes*, *l'Étude du petit monde*, et *l'Analyse des réseaux sociaux*.

La *Théorie des graphes* est une théorie informatique et mathématique applicable « à tous les domaines liés à la notion de réseau [...]. Un graphe est un ensemble de points, dont certaines paires sont appelées des nœuds » (Wikipédia, article « Théorie des graphes »). En d'autres termes, les nœuds sont des points de convergence d'éléments de réseaux, un réseau global s'étendant continuellement avec l'ajout de nouveaux nœuds. C'est ainsi qu'un ami commun est un *nœud* pour deux chaînes d'amis, de même, par exemple, que les mots-liens publiés en bleu dans les pages Wikipédia sur Internet, qui réfèrent à d'autres pages Wikipédia, lesquelles comportent également d'autres mots-liens, créant ainsi des réseaux d'informations écrites pouvant, selon les cas, s'avérer *graphiquement* très longs, via un nombre élevé de nœuds.

Dans le même ordre d'idées s'inscrit l'*Étude du petit monde* (établie par F. Karinthy et développée plus tard par S. Milgram), à savoir l'hypothèse que « chacun puisse être relié à n'importe quel individu par une courte chaîne de relations sociales : de fait, l'étude sur le terrain a montré que deux personnes, choisies au hasard parmi les citoyens américains, sont reliées en moyenne par une chaîne de six relations ». L'article Wikipédia « Étude du petit monde », dont est tirée cette citation, précise par ailleurs que Facebook a publié en 2011 une étude basée sur les 721 millions de personnes utilisant alors ce réseau social (elles sont à présent – en 2018 – de l'ordre de deux milliards). Cette étude indiquait que chacune de ces personnes était reliée à n'importe quelle autre du réseau en question par une chaîne de seulement 4,74 relations. On retrouve ici la référence à des composantes mathématiques (et statistiques) dont s'inspire la Théorie des graphes.

L'Analyse des réseaux sociaux consiste pour l'essentiel dans l'application de la Théorie des graphes aux réseaux sociaux. Les *nœuds* y sont les acteurs sociaux (qui peuvent notamment être des institutions) et les *liens* sont les relations entre ces nœuds. Selon A. Degenne et M. Forsé (1994, p. 5) :

> (Ce type d'approche permet) « d'analyser l'efficience du réseau, (sachant que) les comportements des individus sont liés aux structures dans lesquelles ils s'insèrent [...], les attributs individuels étant moins importants que les relations et les liens (à savoir les nœuds) que les entités

sociales ont avec les autres acteurs sociaux dans leurs réseaux. »

Il ressort de l'approche *Analyse des réseaux sociaux*, que les liens entre diverses variétés de phénomènes déterminent le comportement desdits phénomènes d'une manière holistique. Les caractéristiques initiales des individualités ou leur rôle personnel dans le réseau ont, dans cette optique, relativement peu d'effets sur l'efficience de ces réseaux. Au contraire, ce seraient davantage les structures et la nature des réseaux qui détermineraient les comportements individuels.

Dans le même ordre d'idées, selon H. Maturana et F. Varela (1994) :

> « Tous les systèmes sociaux [...] engendrent une phénoménologie interne particulière, dans laquelle les ontogenèses individuelles de tous les organismes participants ont fondamentalement lieu comme faisant partie du réseau des co-ontogénèses qu'ils font émerger en constituant les unités (sociales). »

La Terre, écosystème global

Les structures dissipatives ont implicitement en commun une aptitude à rétablir, à terme, leurs états d'organisation, constamment sujets à de la désorganisation. Bon nombre d'entre elles, dont les structures écosystémiques, s'(auto-) organisent avec l'appoint d'une large variété de réseaux d'interactions. Selon S. Frontier (1999, p. 19) un écosystème « est un système d'interactions entre les populations de différentes espèces vivant dans un même site, et entre ces populations et le système physique ».

La Terre est une structure dissipative, et elle constitue ce qu'il est convenu d'appeler l'« écosystème global » ; P. Bertrand (2008, p. 11) souligne que « l'idée que la Terre peut être décrite comme un écosystème global où les entités vivantes sont en étroite interaction avec leur environnement […] a été émise par J. Lovelock dès la fin des années 70 ». Selon J. Gribbin (2006, p. 295), « Lovelock est juste arrivé à réunir l'ensemble des phénomènes liés à la vie terrestre […] dans une même explication globale qui en fait les éléments constitutifs d'un grand réseau d'interactions complexes ». On rappellera que J. Lovelock est l'auteur d'un ouvrage remarquable – quoique controversé – intitulé *La Terre est un être vivant, L'hypothèse Gaïa.* Suivant cette hypothèse, les organismes vivants font partie d'une entité globale dont le caractère opérationnel consiste à réguler le milieu environnemental qu'elle constitue de manière à préserver les conditions favorables à la vie. La Terre est, en soi, un organisme vivant constamment autorégulé.

En tant que structure dissipative, l'écosystème global Terre est une structure auto-organisée génératrice potentielle d'émergences d'autres structures dissipatives, notamment sous forme d'organismes vivants. Parmi ceux-ci figurent les gènes/cellules, lesquels se sont pérennisés via leur constitution en corps, dont ceux des humains (cf. théorie de R. Dawkins dont il a été question au chapitre I). Cette pérennisation des cellules, rappelons-le, s'effectue grâce à un échange d'énergie-matière et d'information avec l'environnement. Cette caractéristique propre aux structures dissipatives se retrouve dans les corps constitués par les cellules, de sorte que les hommes sont effectivement des structures dissipatives et auto-organisées (systèmes ouverts à l'énergie-matière et à l'information). L'une de nos hypothèses est que, à l'instar des cellules qui assurent leur pérennité en se constituant en corps, les hommes assurent leur survie en se constituant en corps sociaux (nous y reviendrons).

Gènes, cellules, hommes, groupes sociaux sont, parmi d'autres éléments de la nature, des facteurs d'organisation de l'écosystème terrestre. G. Blanc, dans la préface de l'ouvrage de J. Lovelock cité ci-dessus, a souligné que « la terre, les océans, l'atmosphère et les êtres vivants figuraient un tout dont les parties s'influencent mutuellement et évoluent simultanément » (1993, p. 9). Ce constat lui permet d'affirmer que la biosphère n'est nullement subjuguée par l'homme, celui-ci n'étant qu'une partie intégrante constitutive de l'état stable de la Terre. Selon J. Lovelock, « dès son origine, l'espèce humaine a fait partie de Gaïa (nom donné par Lovelock à la Terre en tant qu'être vivant) au même titre que toutes les espèces ; à l'instar de ces dernières, elle a donc participé inconsciemment au processus d'homéostasie planétaire » (*ibid.*, p. 149). Dans la mesure où, en vertu de la loi MaxEP, notre planète (en tant que structure dissipative) est constamment conduite à maximiser d'une manière croissante sa dissipation d'énergie, il est vraisemblable qu'elle ne pourrait conserver son état homéostatique sans cette maximisation continue. Il en va vraisemblablement de même de l'homéostasie des réseaux de structures dissipatives qui la constituent, dont les réseaux constitutifs du système social.

Les sous-écosystèmes sociaux

Les phénomènes propres à l'écosystème global sont liés entre eux par une infinité de réseaux interdépendants, ramifiés au sein de sous-écosystèmes. Les systèmes sociaux constituent de tels sous-écosystèmes, parties intégrantes des réseaux d'interactions constitutifs de l'écosystème global. Pour étayer ce constat, on se rapportera, par extrapolations, à quelques citations tirées de l'excellente synthèse du phénomène d'écosystème développée dans l'ouvrage de S. Frontier auquel il a déjà été fait référence plus haut :

– « L'homme est un élément et un partenaire à part entière de tout écosystème où il intervient, à toutes les échelles de son activité » (1999, p. 5) ;

– « Un fonctionnement d'écosystème (émerge) à partir des interactions entre des populations d'espèces variées et entre ces dernières et le milieu physico-chimique ; une société (émerge) à partir des interactions entre individus, métiers, groupes de pression, etc. » (*ibid.*, p. 9)

S. Frontier note par ailleurs que le rôle de la diversité fonctionnelle au sein du système humain – la diversité des métiers, des rôles, des niches socio-économiques et socio-culturelles – est analogue au rôle de la diversité au sein des écosystèmes, et que cette diversité « est à la base de toute organisation » (*ibid.*, p. 121). Autrement dit, cette diversité des fonctions au sein des écosystèmes sociaux est assimilable à la diversité des espèces au sein de l'écosystème global, ces deux « diversités » présentant des fonctions organisatrices d'ordre semblable.

Dans la mesure où les structures sociales sont assimilables à des écosystèmes, elles sont comme ces derniers, des structures dissipatives auto-organisées. En tant que structures de cet ordre, les sous-écosystèmes sociaux s'organisent ordinairement de manière à maintenir ou rétablir constamment leur homéostasie (cet équilibre correspondant, en l'occurrence, – comme pour toute structure dissipative – à la stabilisation ou à la diminution momentanée des effets de l'accroissement de l'entropie). De fait, comme tout système soumis aux lois de la thermodynamique, les sous-écosystèmes sociaux font en permanence l'objet des processus d'organisation/désorganisation/réorganisation.

Les strates sociales (sous-écosystèmes sociaux) sont des structures de réseaux de communication d'informations, où la complexité/diversité des échanges génère constamment des émergences. Ces émergences produites de manière interne, ainsi que l'ouverture éventuelle des strates aux émergences produites dans le milieu humain qui les environne (issues éventuellement d'autres strates) sont très souvent productrices d'informations innovantes qui permettent à ces strates de produire de l'organisation néguentropique. Le manque d'émergences internes et/ou le manque d'ouverture aux émergences externes peut aboutir à une désorganisation durable mettant en péril la survie de ces strates (par voie de dégradations des dispositifs économiques ou des valeurs culturelles).

Les « espèces » constitutives de ces sous-écosystèmes (rôles, métiers, strates socio-économiques et socio-culturelles et les différents types de cultures et de comportements), à l'instar des espèces en termes d'écologie, entretiennent entre elles des relations de partenariat ou coercitives pouvant, dans certains cas, s'assimiler à des relations proies-prédateurs. Le milieu spécifique propre à un sous-écosystème social donné sélectionne lesdites « espèces » les plus adéquates à son maintien homéostatique (et, partant, les meilleurs dissipateurs d'énergie). Toutes ces espèces sont assimilables à des structures dissipatives. Les immigrés que l'on renvoie dans leur pays peuvent constituer des sortes d'espèces « proies » avec lesquelles les espèces dominantes (« prédateurs » en l'occurrence) ne veulent pas (ou ne peuvent pas) partager leurs ressources ni leurs lieux d'existence (leur écosystème, en quelque sorte) ; ils sont parfois rejetés du fait de leur inadaptation (réelle ou supposée) au milieu d'accueil, liée bien souvent à leur faible apport en termes de dissipation d'énergie. En l'occurrence, l'arrivée massive d'individus dans un milieu donné peut être considérée (à tort ou à raison) comme mettant en danger l'organisation homéostatique de l'écosystème d'accueil. Mais, en revanche, cette arrivée peut produire une situation de désorganisation susceptible de rétablir, après coup, une réorganisation.

Comme on le voit, les principes qui régissent l'écosystème global s'appliquent largement aux sous-écosystèmes sociaux ; c'est ainsi que les lois de la sélection appliquées à l'écosystème global, c'est-à-dire celles de l'adaptabilité à l'environnement, s'appliquent également à l'intérieur des groupes sociaux. Les facteurs et critères d'intégration sociale sont très variés et fortement sélectifs (l'aptitude à maximiser de la dissipation d'énergie étant, comme nous l'avons déjà mentionné et comme nous le corroborerons au chapitre IV, facteur fondamental de sélection naturelle). Le bagage intellectuel, par exemple, constitue un moyen sélectif de promotion sociale, d'autant plus que, nourri d'informations à caractère organisateur, il favorise une bonne dissipation d'énergie. Divers critères esthétiques, moraux ou matériels (capacité de protection, de beauté, moyens financiers, adaptation aux canons de la mode, notamment) sont des critères de séduction très sélectifs en faveur de l'intégration (adaptabilité) individuelle ; de plus, ils entrent en ligne de compte dans la reproduction de l'espèce (maximisation en cascade de la dissipation d'énergie). L'adaptabilité des individus aux phénomènes caractéristiques de l'évolution économique et culturelle d'un milieu donné est génératrice d'accès aux ressources (énergie, matière, information). C'est ainsi, par exemple, qu'il est devenu de plus en plus difficile de bénéficier de ces ressources sans connaître les rudiments essentiels de l'informatique. Sans e-mail et sans SMS, une vie sociale positive et productive, dans nos milieux occidentaux, est de plus en plus compromise.

Par ailleurs, s'il est vrai qu'« un écosystème est un système d'interactions entre les populations de différentes espèces vivant dans un même site, et entre ces populations et le système physique » (cf. S. Frontier, *ibid.*, p. 19), ce constat s'applique clairement aux sous-écosystèmes sociaux. Par exemple, les différentes « espèces » que sont les métiers interagissent au sein de chaque sous-écosystème professionnel et, régulièrement, avec les « espèces » métiers de sous-écosystèmes professionnels externes. Nous conclurons avec une dernière citation du même S. Frontier (*ibid.*, p. 123) :

> « Un système humain évolue d'une manière très analogue à un écosystème [...]. Cette parenté [...] comportementale ne doit pas nous étonner : l'un et l'autre système sont à interactions complexes, fondés sur des circulations de matière/énergie/information au sein d'une structure diversifiée et hiérarchisée... »

À un niveau planétaire, les groupes humains de très grandes dimensions, que nous désignerons ici sous l'appellation de « *grandes espèces* », sont différenciés – certes d'une manière assez floue – selon l'esprit de corps que représentent leurs *valeurs* et croyances philosophico-religieuses respectives, alliées à des facteurs géopolitiques, juridiques et économiques spécifiques. En schématisant à l'extrême, on considérera que ces grandes espèces sont respectivement constituées, à l'heure actuelle, des pays occidentaux, de ceux qui se réclament de l'Islam et de ceux de l'Orient.

Jusqu'à la fin des années 1980, le groupe communiste constituait en soi une *grande espèce*. L'écroulement de celle-ci montre que les *grandes espèces* font également l'objet de la sélection naturelle et peuvent être appelées à disparaître. Tel pourrait être le sort, dans un avenir peut-être pas très lointain, de la *grande espèce* formée par les pays occidentaux, eu égard aux grands chambardements auxquels elle est aujourd'hui confrontée. À noter que les *grandes espèces* sont le plus souvent composées, en leur sein, de « moyennes espèces » telles, par exemple, celles des obédiences sunnites et chiites dans le groupe de l'Islam.

Comme nous l'avons vu, l'écosystème est une émergence issue des interactions entre espèces (Angelier, 2008), dont l'espèce humaine. Mais, par ailleurs, nous avons également noté (ce qui est une évidence) que « les comportements des individus sont liés aux structures dans lesquelles ils s'insèrent » (Degenne et Forsé, 1994). Suivant une vision holiste parfaitement défendable (selon nous), c'est la structure écosystémique supérieure (l'écosystème global par rapport au sous-écosystème social, ce dernier par rapport aux individus) qui, en définitive, régit le comportement des structures inférieures qui les constituent. Pour ce qui est des humains, cette position est d'autant plus cohérente dans le contexte de nos hypothèses d'ensemble que – ainsi que nous le soulignerons – l'homme ne dispose pas du libre arbitre, son comportement relevant d'une chaîne de causalités qui s'imposent à lui, chaîne qui prend toujours sa source dans son environnement (le milieu écosystémique auquel il appartient). Au-delà, il existe un schéma de type cybernétique (rétroactif) entre l'écosystème et ses éléments constitutifs.

> *« Un processus social peut s'analyser par référence à une tendance qui consiste en une maximisation de l'entropie. »*
> (M. Forsé, 1989, p. 18)

« Humanocentrisme » et milieu naturel

La continuité énergétique (sur le plan macrophysique) produite avec le big bang s'est perpétuée jusqu'à nos jours par le biais d'un cycle infini de désordres/désorganisations et d'ordres/réorganisations dont sont notamment issus les astres puis les organismes vivants. Ces derniers, à leur tour, n'ont de cesse, tout au long de leur existence, de traverser des cycles similaires d'organisation et de désorganisation, à des échelles de durées infiniment plus courtes. Au cours du temps, la nature a sélectionné les produits de la continuité énergétique les plus performants en termes d'adaptation, à savoir les structures capables d'optimiser au mieux la dissipation d'énergie, c'est-à-dire les structures les mieux organisées. Ce processus de sélection se poursuit continuellement, de sorte que des espèces vivantes disparaissent régulièrement par défaut d'organisation (et, subséquemment, en raison de leur difficulté à maximiser leur dissipation d'énergie) – l'organisation étant, en l'occurrence, facteur d'adaptation – tandis que d'autres espèces s'accroissent grâce à leur capacité à optimiser durablement leur organisation.

L'apparition de la vie sur Terre n'est en fait qu'une manifestation de l'évolution du système physique global (l'Univers) dont l'un des éléments est notre planète. Les hommes sont les produits d'une suite d'organisations/désorganisations/réorganisations sélectionnées par notre écosystème (quand bien même le principe de la vie relèverait, selon certains, de contacts de notre planète avec des astéroïdes). Les humains font partie intégrante de la nature et participent, en tant qu'éléments parmi d'autres, à l'homéostasie de leur écosystème. Et tout ce que produit l'homme est, en soi, un fait ou un événement naturel. De même, comme nous l'avons souligné plus haut, nos outils sont des produits que la nature fabrique via ces autres éléments de la nature que nous sommes : ils sont également des éléments de la nature.

Ces considérations mettent en évidence que l'homme est, de fait, un objet issu du milieu naturel, obéissant intégralement aux lois de ce milieu. Il évolue suivant les cycles de désorganisation/organisation/réorganisation de l'écosystème global (la Terre) (évolution à laquelle il apporte sa contribution), et de ses sous-écosystèmes que sont les structures socio-économico-culturelles auxquelles il appartient. Il puise dans ces écosystèmes les informations utiles à sa propre organisation (laquelle participe, en retour, à l'organisation desdits écosystèmes) : l'homme est un des éléments du processus largement cybernétique propre aux auto-organisations que sont les écosystèmes. On peut dire de l'homme, comme de tout ce qui peuple la Terre, qu'il résulte d'une succession infinie d'émergences productrices de structures dissipatives (le phénomène de l'émergence étant, comme nous l'avons souligné, caractéristique des structures auto-organisées). Son comportement individuel est régi par l'information que lui fournit son milieu naturel, dont le milieu humain.

Les propos qui précèdent récusent la posture « humanocentrique » – redevable d'une supposée « spécificité humaine » fondée notamment sur une présumée aptitude au libre arbitre – concept répandu, à des degrés divers, dans les sciences humaines, la philosophie et les religions. Car, du point de vue déterministe défendu dans le présent ouvrage, l'homme n'est pas maître de son destin, pas plus qu'il n'est maître unique du destin de son milieu naturel. Du reste, selon notre approche, son devenir ne s'inscrit dans aucune finalité préétablie, la nature dont il fait partie intégrante n'étant en rien génératrice d'intentionnalité (au sens téléologique). À moins, bien entendu, de prêter des pouvoirs spirituels à la continuité énergétique dans laquelle s'inscrit la nature (approche à laquelle ne souscrivent pas les orientations conceptuelles de ce livre). L'état homéostatique qui constitue l'état d'organisation de l'écosystème global n'est pas davantage le produit d'un quelconque processus intentionnel : il résulte des lois de la nature, liées, de près ou de loin, aux principes incontournables de la thermodynamique (lesquels ne semblent pas non plus être empreints de pouvoirs spirituels ou magiques).

Les hommes sont des organes d'un plus grand organe qui est l'espèce humaine, laquelle est un organe d'un plus grand organe qui est l'écosystème global. L'individu est « fondu » dans une vaste structure. Métaphoriquement : dans une mélasse de chocolat d'un kilo appartenant à la mélasse fictive de tout le chocolat de la Terre, si l'on retire un milligramme, la mélasse ne s'en trouvera pas sensiblement modifiée ; et même si le goût de la mélasse d'un kilo sera très légèrement différent à la suite de cette suppression d'un milligramme, cette suppression n'aura aucune incidence sur le « rôle » supposé du kilo de chocolat dans le goût de la masse globale de chocolat terrestre. Il en va de même du rôle d'un individu considéré isolément dans l'Évolution du monde. Si Christophe Colomb n'avait pas existé, l'Amérique n'en aurait pas moins été découverte à la même époque : c'est principalement la prise de Constantinople par les Turcs qui a été cause de cette découverte et non spécifiquement Christophe Colomb. C'est l'Histoire et ses successions fantastiques d'états d'organisation, de désorganisation et de réorganisation (principe de science physique) qui font le comportement des hommes et non l'inverse. Si Mozart n'avait pas existé, la musique aurait sans doute suivi un fil d'évolution légèrement distinct, mais il y a fort à parier que ce qu'elle est aujourd'hui serait globalement très peu différent ; et, en tout état de cause, le rôle d'ensemble de la musique dans la participation à la production de néguentropie humaine serait vraisemblablement identique. Les exemples de découvertes apparues simultanément (ou à des écarts de temps minimes) à divers endroits du monde sont nombreux dans l'Histoire. Ces exemples soulignent que c'est de la conjugaison d'un ensemble gigantesque de facteurs qui font l'Évolution qu'émergent des idées et des événements et non du génie supposé d'un individu « unique en son genre ».

Ce sont ces facteurs qui produisent des *informations nouvelles* (au sens que nous avons défini au chapitre II) disponibles à un moment donné dans le monde, informations jouant un rôle d'attracteur dans le chef de certains individus « détenteurs » *d'informations acquises* particulières (cf. également chapitre II), avec pour émergences des inventions et découvertes spécifiques. Nous ne « choisissons » pas les facteurs attractifs qui vont déterminer nos réflexions et nos actes : ce sont nos *informations acquises* – lesquelles n'ont pas davantage été « choisies » par nos soins – qui vont nous rendre sensibles à ces facteurs particuliers. En définitive, les individus sont, en règle générale, largement interchangeables ; ils se confondent avec leur environnement et n'existent qu'en tant que très petits éléments de celui-ci ; le « soi » n'existe pas indépendamment du milieu environnemental dont l'individu fait partie intégrante.

Chapitre IV

Sélection naturelle et loi MaxEP

Sélection, information, organisation

> *« Pour rester en harmonie avec un environnement qu'il fait évoluer (en dissipant de l'énergie), un être vivant doit évoluer toujours plus vite. C'est la raison pour laquelle la dissipation d'énergie croît de plus en plus rapidement [...]. La sélection naturelle qui favorisait jusqu'ici les gènes dissipant le plus d'énergie, favorise maintenant les techniques ou cultures permettant une adaptation beaucoup plus rapide à l'environnement. »*
> (cf. http://www.françois-roddier.fr/?= 32)

Nous avons déjà évoqué dans ce livre les liens qui unissent la sélection naturelle et les principes de la thermodynamique. On reviendra, pour mémoire, à ces deux citations du chapitre I liées à la loi MaxEP : « L'Univers évolue, depuis sa création, en formant des structures matérielles de plus en plus complexes, capables de dissiper de plus en plus efficacement l'énergie » (R. Dewar) ; « L'évolution des espèces, comme l'évolution de l'Univers, est un processus de maximisation du taux de dissipation de l'énergie ; l'humanité n'y échappe pas ». (F. Roddier.) On ajoutera encore que, suivant A. Lotka, la sélection naturelle tend à maximiser le flux d'énergie qui traverse une structure organique. (A. J. Lotka – 1880-1949 – est un mathématicien et statisticien américain connu pour ses travaux en dynamique des populations.)

On sait, d'une part, a) que plus un système mémorise d'informations, plus son entropie diminue (selon la Théorie de l'information, un accroissement d'entropie peut être considéré comme une perte d'information) ; b) que toute diminution d'entropie d'un système accroît sa capacité à produire de l'énergie libre et, partant, à dissiper de l'énergie ; c) que « les structures dissipatives s'auto-organisent en mémorisant de l'information sur leur environnement, information qui leur permet de maximiser de la production d'énergie libre » (F. Roddier, 2012, p. 64). D'autre part, toujours selon F. Roddier, il y a lieu de souligner que « du point de vue thermodynamique, le processus de sélection naturelle s'applique non aux structures dissipatives elles-mêmes, mais à l'information qu'elles mémorisent » (*ibid.*). Enfin, on se souviendra du constat de F. Roddier déjà mentionné au chapitre II (paragraphe « Consubstantialité de l'énergie-matière et de l'information ») selon lequel un individu qui se comporterait de manière à limiter sa capacité à traiter et à dissiper de l'énergie – et, partant, de l'information – se verrait, tôt ou tard, éliminé dans sa compétition avec les autres (effectivement, comme nous l'avons souligné plus haut, la mémorisation d'information diminue les effets de l'entropie). Conclusion : de l'ensemble des citations qui précèdent, on peut déduire que *la sélection naturelle favorise les structures dissipatives qui, par le biais de l'information qu'elles mémorisent, maximisent au mieux leur dissipation d'énergie*.

Il résulte de ces considérations que la sélection naturelle produit ses effets sur l'ensemble des structures concernées par l'information (aux sens générique et restreint). Il s'agit en l'occurrence des structures dissipatives (structures auto-organisées), à savoir, parmi les plus essentielles, l'écosystème global, les espèces vivantes dans leur ensemble, les sous-écosystèmes sociaux, les individus et les gènes. Mais elle s'exerce également sur les valeurs culturelles en tant que structures dissipatives produites et alimentées par de l'information (comme mentionné au chapitre I, les valeurs culturelles répondent à notre définition des structures dissipatives, à savoir « systèmes ouverts auto-organisés qui produisent des modifications de taux d'entropie »). Comme elle s'applique à l'information et, nécessairement, aux processus de traitement au travers desquels l'information contribue à une dissipation d'énergie aussi optimale que possible, la sélection naturelle tend à favoriser les meilleurs états d'organisation (cf. définition de l'organisation au chapitre I : « L'organisation consiste dans tout processus de traitement d'information permettant à une structure dissipative de se maintenir durablement éloignée de l'état d'équilibre »).

La sélection naturelle est donc liée aux dispositifs de traitement de l'information – et, partant, d'organisation – propices à une dissipation d'énergie maximisée. À noter que tous ces phénomènes s'inscrivent dans un contexte global dominé par l'état actuel de l'Univers, qui est un état de maximisation (actualisé) de la dissipation d'énergie. La sélection naturelle tendant à maximiser le flux d'énergie qui traverse une structure organique, elle favorise le mécanisme qui se comporte de manière à évacuer de l'entropie le plus efficacement, à savoir, effectivement, celui qui sera le mieux organisé (c'est-à-dire celui qui optimisera au mieux le traitement de son information). Parmi ces structures organiques (et dissipatives) figure l'individu humain.

Comportement et sélection

L'écosystème global auto-organise sa dissipation globale d'énergie avec l'appoint des structures dissipatives que sont les organismes vivants, mais aussi de phénomènes dynamiques telles les tempêtes ou les éruptions volcaniques. Cette auto-organisation, dès lors qu'elle relève d'apports d'informations (en ce inclus l'information propre aux apports d'énergie) et qu'elle favorise une maximisation de dissipation d'énergie, fait l'objet de la sélection naturelle. Dans ce contexte écosystémique, le comportement des structures dissipatives auto-organisées que sont les individus fait, de même, l'objet de la sélection naturelle (le comportement résulte d'un ensemble d'informations – au sens générique comme au sens restreint – et est productif d'énergie libre dont une partie sera dissipée). De même pour ce qui est du comportement des autres phénomènes dynamiques.

Les instances et mécanismes *organisateurs* que sont notamment les organes de gouvernance de l'État et les systèmes de gestion des entreprises, mais aussi les valeurs culturelles au sens large – dont les valeurs esthétiques, éthiques, comportementales et les codes sociaux – et la conjoncture économique en général véhiculent une part importante de l'information dont les humains font usage à travers une infinité de réseaux complexes selon des transferts en cascade, usage à vocation néguentropique.

Comme nous l'avons souligné par ailleurs, notre environnement – l'écosystème global et ses sous-écosystèmes sociaux – se comporte de manière à rétablir constamment son organisation (il s'agit d'une structure d'ensemble auto-organisée) ; et c'est probablement aussi parce que nous appartenons à ce milieu (l'homme en est un des organes comme le cœur ou le foie sont des organes du corps) que nous sommes amenés à nous comporter de manière à nous réorganiser en permanence (processus facteur essentiel de néguentropie). Si des effets de notre comportement ne sont pas organisateurs (et ne sont donc pas néguentropiques ni producteurs d'énergie libre à un taux adéquat), notre environnement nous le fait savoir en agissant en « sélectionneur naturel » (nos amis désapprouvent, la société désapprouve notamment par ses règles morales, juridiques et autres salariales).

Nous avons également noté (cf. chapitre III) que les hommes, en tant que structures dissipatives, se comportent de manière à demeurer durablement éloignés de l'état d'équilibre dans la mesure où les gènes qui les constituent tendent à se pérenniser. De fait, l'assemblage de nos gènes en machines de survie (à savoir notre corps – cf. chapitre I) accroît leur capacité à optimiser leur dissipation d'énergie, de sorte que le comportement humain (et de tout organisme vivant) ayant pour conséquence la survie a été sélectionné par l'environnement.

On peut peut-être fonder l'hypothèse que la survie de nos proches nous importe également dans la mesure où ceux-ci participent d'une manière ou d'une autre à notre organisation (nos enfants et nos parents vivants, et nos amis proches constituent des liens en cascade, en aval et en amont, dans le jeu de notre maximisation de dissipation d'énergie). Il s'agit, là encore, de comportements définis par la sélection naturelle, en tant que contributeurs à la maximisation de notre production d'entropie.

Croissance économique et sélection naturelle

Certains auteurs, dont Naomi Klein (2014), considèrent que le capitalisme a pour effet de « détruire » le climat. En réalité, à la base, ce n'est pas le capitalisme qui est cause de la « destruction » du climat, mais bien la loi thermodynamique de maximisation de la dissipation d'énergie (loi MaxEP), qui est cause de la sélection « naturelle » des comportements et des cultures (dont la « culture » capitaliste). Le capitalisme étant actuellement le système le plus dissipateur d'énergie, et donc le mieux en mesure de s'adapter à l'évolution, il est « normal » qu'il se soit imposé dans le fonctionnement de la partie dominante du monde (ceci est un constat d'ordre scientifique et non une prise de position morale ou politique). D'autre part, il est erroné de parler de « destruction » du climat, étant entendu que le climat, lui, continuera toujours d'exister, selon des comportements variables ; il est plus cohérent de parler de « désorganisation » du climat.

Comme déjà évoqué au chapitre I (paragraphe « Dissipation d'énergie et essor économique »), les sociétés qui dissipent le plus d'énergie s'avèrent les plus performantes en termes économiques et les mieux à même d'imposer leur diktat à travers le monde. Nous avons cité à ce propos l'exemple de la suprématie des États-Unis par rapport à l'Union soviétique à l'époque de la guerre froide, montrant que les premiers dissipaient (de façon constante) 11 kW par individu tandis que l'URSS ne dissipait que 7 kW par individu. Ainsi que nous l'avons souligné, on peut y voir, suivant F. Roddier, une des raisons essentielles de l'effondrement de l'URSS.

Cette réalité historique montre, selon nous, que la sélection naturelle favorise les sociétés capables de maximiser le plus efficacement et le plus rapidement leur dissipation d'énergie. Une réduction de la consommation et de la production d'énergie dans une société donnée conduirait immanquablement à une réduction de sa dissipation d'énergie, laquelle pourrait aboutir, à terme, à la disparition de ce type de société par voie de sélection naturelle, celle-ci lui « préférant » une autre forme de société dissipant plus d'énergie.

Comme nous l'avons souligné, la croissance constante du taux global de dissipation d'énergie implique une production globale d'énergie libre sans cesse accrue. Il en va du maintien de l'espèce humaine dans un état éloigné de l'état d'équilibre (sa survie), puisque la sélection naturelle met sur la touche les structures dissipatives qui dissipent insuffisamment d'énergie. Il s'impose aux humains de s'assurer un apport constant d'information (et d'énergie-matière) en grande quantité et de haute qualité. On ne saurait désormais atteindre ces niveaux sans l'appoint des moyens actuels de diffusion des informations de plus en plus sophistiqués. Une réduction de la consommation d'énergie aurait, de toute évidence, un impact négatif sur la production d'énergie libre. En fait, l'important n'est pas, prioritairement, de réduire la consommation d'énergie (inconcevable dans un processus physique incontournable de dissipation constamment accrue d'énergie), mais bien de produire des technologies qui réduisent les effets négatifs des modifications du milieu naturel dus à cette consommation. Car une réduction drastique de la consommation d'énergie ne peut se produire – sinon en subissant les foudres de la sélection naturelle – en raison de la croissance constante de la dissipation d'énergie à laquelle les hommes sont appelés à apporter une contribution de premier plan en produisant toujours plus d'énergie libre. Certes, il n'est pas impossible de vivre plus ou moins durablement en autarcie avec des ressources limitées en énergie-matière, du moins sur le plan individuel ou de petits groupes sociaux (vivre avec des ressources limitées en information – aux sens générique et restreint – devrait être moins aisé). Mais il y a alors risque de mise sur la touche par la sélection naturelle dès lors que celle-ci favorise les éléments qui maximisent au mieux de la dissipation d'énergie.

Cela étant, il viendra nécessairement un moment où la structure dissipative qu'est l'écosystème global atteindra son état d'équilibre (fin des processus vitaux). On peut penser que la production accrue d'entropie évacuée dans l'environnement (la maximisation accélérée de la dissipation d'énergie) a pour effet durable de dégrader le milieu au plan écologique et que ce facteur de dégradation jouera probablement un rôle non négligeable dans l'aboutissement à l'état d'équilibre « final ». C'est une opinion très largement répandue, dans la mesure où l'on assimile la pollution à ce facteur de dégradation entropique. Au-delà, comme évoqué plus haut, l'aptitude des hommes à développer des technologies permettant de contrer, à terme, cette forme de dégradation doit être prise en compte dans ce débat.

Remarque : nous compléterons nos considérations sur la sélection naturelle dans le chapitre V, aux paragraphes « Programmation, information, sélection naturelle » et « Déterminisme et sélection naturelle ».

Petit détour par la Mémétique

R. Dawkins, dont nous avons parlé au chapitre I à propos de la génétique, a introduit la notion de *mème*, correspondant à « une entité (une unité d'information) capable d'être transmise d'un cerveau à l'autre » (2003, p. 266). On parle alors de mémétique, de la même manière qu'on parle de génétique, les mèmes étant à la culture ce que les gènes sont au corps biologique. À l'instar de ces derniers, les mèmes se répliquent (en l'occurrence au sein des milieux sociaux), et mutent également – selon R. Dawkins – au gré de la sélection naturelle. « Les mèmes [...] ne se répliquent pas au sein des individus, mais suscitent leur réplication en provoquant l'imitation du comportement qu'ils confèrent à l'individu les hébergeant, par d'autres individus ». (Wikipédia, article « Mème »).

La mémétique est susceptible de nous intéresser dès lors que les *informations acquises* (cf. chapitre II), qui peuvent également voyager d'un cerveau à l'autre – mais sous la forme initiale d'*informations nouvelles* (cf. *idem*) – sont, dans une certaine mesure, assimilables à des mèmes. Toutefois, selon R. Dawkins, – et à la différence des *informations acquises* et *des informations nouvelles* telles que nous les définissons – les mèmes ne subissent pas à proprement parler de dégradation, mais plutôt des variations, lesdits mèmes, tout comme les gènes, survivant au cours du temps par réplications.

De ce « petit détour » par la mémétique, nous retiendrons les similarités observées entre les natures respectives des phénomènes biologiques et des phénomènes culturels. Ces similarités nous confortent dans la possibilité d'étendre l'application des principes de la sélection naturelle aux phénomènes culturels (via les mèmes), de la même manière qu'elle s'applique aux gènes.

Le principe des mèmes demeure toutefois sujet à caution, de par sa nature difficilement « objectivable » et « observable » en termes d'expérimentation concrète.

Chapitre V

La causalité

– *« Il faut admettre comme un axiome expérimental que chez les êtres vivants aussi bien que dans les corps bruts, les conditions d'existence de tout phénomène sont déterminées d'une manière absolue. […] Tous les phénomènes, de quelque ordre qu'ils soient, existent virtuellement dans les lois immuables de la nature. »*
(C. Bernard, cité par E. Balibar et P. Macherey, 2009, p. 22)
– *« Qu'entend-on généralement par déterminisme ? Soit l'idée que tout ce qui se produit (phénomène, événement, état) est l'effet de causes déterminées, soit l'idée qu'on peut prévoir exactement les effets produits dans des conditions elles-mêmes déterminées. »*
(*Ibid.*, p. 21)

Il ressort de ces citations – confirmation sans surprise – que l'existence des êtres vivants est gouvernée par des lois déterministes, lesquelles impliquent que cette existence soit articulée sur des fils de causalité. Étant donné que notre fonctionnement et notre comportement sont étroitement régis par les principes de la thermodynamique, on en vient naturellement à se poser la question du lien entre ces principes et les fils de causalité.

Ainsi que nous l'avons déjà souligné, les structures dissipatives, en tant que structures modifiant les taux de l'entropie, ont, entre autres caractéristiques, la capacité de produire, pour des périodes limitées, des états d'organisation succédant à des états de désorganisation (concrètement, la production de structures dissipatives

« immatérielles » correspond à une production d'états d'organisation). Notre hypothèse est que *le fil de la causalité (succession de causes à effets), pour une structure dissipative, consiste en tant que tel dans la succession permanente d'états d'organisation, de désorganisation et de réorganisation (et ainsi de suite)*, correspondant à des modifications de taux d'entropie (c'est-à-dire à des productions continues de structures dissipatives majoritairement « immatérielles »). Autrement dit, les fils de causalité qui règlent notre vie quotidienne s'inscrivent dans cette succession permanente : ils *sont* véritablement cette succession. Émaillée de « bruits » ou « ruptures », cette dernière est le moteur même de notre fonctionnement et de notre comportement. Schématiquement, l'existence des structures dissipatives que nous sommes suit le *fil de causalités cyclique* suivant : *apport d'énergie/information => néguentropie/organisation => énergie libre => dissipation d'énergie/production d'entropie/désorganisation => bruit/rupture => apport d'énergie/information et ainsi de suite.*

Nous avons déjà vu un exemple concret d'application du *fil de causalité cyclique* au paragraphe « Bruits » du chapitre I, où il était question d'un individu qui, à un moment donné, sent qu'il a faim et va prendre un fruit dans son frigo, produisant un comportement où interviennent désorganisation, « bruit » et réorganisation. L'effort physique soutenu (production d'énergie libre/mécanique) constitue une autre illustration parlante de ce schéma cyclique : lors des courses cyclistes (par exemple), les coureurs boivent et se nourrissent régulièrement pour ralentir l'état de fatigue (état de désorganisation) et poursuivre leur effort à un rythme soutenu (état de réorganisation) ; la prise du produit alimentaire constitue en l'occurrence le « bruit/rupture » réorganisateur (qui permettra une production d'énergie mécanique) ; les prises de conscience de l'état de fatigue et des moyens de le combattre constituent des informations à effet d'organisation, de même que les messages envoyés dans l'oreillette du coureur par son conseiller technique ; une partie importante de l'énergie libre produite suite à cet état d'organisation sera dissipée d'une manière fortement maximisée. Autre exemple : les formes de structures dissipatives que sont les robots utilisent les programmes (apport d'informations) qui régissent leur fonctionnement, ajoutés à de l'énergie électrique ou autre, pour produire des actes déterminés (état d'organisation) jusqu'au moment où leur utilisateur suspend leur fonctionnement (état de désorganisation). La rupture de cet état de désorganisation intervient avec la remise en route du mécanisme, opération qui consiste à réactiver le programme (information) et l'apport d'énergie. L'état d'obsolescence (désorganisation complète/entropie totale) conduira le robot à l'état d'équilibre (abandon définitif de son utilisation).

Causalité et algorithmes

Un algorithme se définit comme étant *une succession, dans un ordre déterminé, d'instructions (ou d'étapes) permettant d'obtenir un résultat spécifique*. Dès lors, le *fil de causalité cyclique* décrit ci-dessus constitue une forme d'algorithme, la succession d'instructions/étapes à chaque stade du cycle étant d'obtenir comme résultat une maximisation de dissipation d'énergie.

L'Univers, dans son évolution, a également suivi un schéma de type algorithmique. Selon F. Roddier (cf. chapitre I) : « La loi MaxEP implique que l'Univers s'auto-organise de manière à maximiser son taux de production d'entropie. Il crée des structures dissipatives capables de produire de l'énergie libre et de dissiper cette énergie de plus en plus efficacement » (2012, p. 50). Cette auto-organisation de l'Univers s'articule, selon nous, sur un schéma algorithmique récurrent : chaque nouvelle structure dissipative constitue une « instruction/étape d'un processus permettant d'atteindre un résultat spécifique ». Ce schéma conforte l'hypothèse computationnaliste selon laquelle l'Univers fonctionne à la manière d'un ordinateur, tout programme informatique étant algorithmique. Dans son livre *L'humanité 2.0*, R. Kurzweil note que, selon E. Fredkin, « l'Univers est de façon littérale un ordinateur, constitué d'un programme » (*ibid.*, p. 98). Kurzweil rapporte également (*ibid.*, p. 98) que, d'après S. Wolfram, « l'augmentation de la complexité prend son origine dans un Univers dont le centre détient un système algorithmique déterministe ». Enfin, Wikipedia (version anglaise) indique que, selon R. Rucker, « The world can be resolved into digital bits with each made of smaller bits; these bits form a fractal pattern in fact-space ». (Wikipédia, article « Digital philosophy »). De fait, il y existe un lien étroit entre les systèmes algorithmiques et les schémas fractals. Les systèmes algorithmiques sont par essence déterministes (ce qu'indique notamment la citation de S. Wolfram ci-dessus) dans la mesure où ils se construisent sur des fils de causalité ; il en va de même des schémas fractals (invariables par changement d'échelle), chaque échelle de représentation étant déterminante pour les autres échelles successives. (À noter encore que l'évolution de l'Univers répond nécessairement à un processus déterministe puisque sa fin est connue : l'état d'entropie maximale). Dès lors que l'Univers fonctionne comme un ordinateur, à savoir suivant un programme fait d'algorithmes, et dès lors que les structures dissipatives qu'il produit évoluent également suivant de tels programmes, l'ensemble semble effectivement s'articuler sur des schémas de type fractal.

Cette approche computationnaliste apparaît d'autant plus pertinente que le comportement des structures dissipatives consiste bien, comme pour les ordinateurs, dans du traitement d'informations (cf. schéma d'application de la loi MaxEP). Chez les organismes vivants, il est clair que tout comportement résulte d'*inputs* en informations de diverses natures. Chez l'humain (comme pour l'ensemble des organismes animés), l'ordinateur est principalement le cerveau, qui officie en tant qu'unité de traitement de l'information. Pour les groupes sociaux, les « cerveaux communs » que sont les outils de traitement des informations (médias, modes, courants politiques, notamment) constituent des formes de logiciels dont les programmations sont principalement d'ordre culturel et économique.

À partir de ces considérations, nous fondons l'hypothèse que le comportement humain – considéré d'un point de vue computationnaliste – est fondamentalement articulé sur des schémas algorithmiques (en lien avec la loi MaxEP), ces schémas étant des processus systématisés assimilables à des plans d'instruction. Ces plans suivent des lignes de conduite récurrentes et généralement d'ordres plus ou moins similaires pour l'ensemble des individus partageant une même culture. Le plan d'instruction du processus algorithmique propre aux organismes vivants a pour objet (le résultat spécifique à atteindre) de recréer continuellement de l'organisation avec pour effet de leur permettre de demeurer durablement éloignés de l'état d'équilibre. Si, comme nous l'avons vu plus haut, une structure dissipative est une « instruction » d'un schéma algorithmique, alors l'homme est une telle « instruction » au sein du programme algorithmique de maintien homéostatique de l'écosystème global et des sous-écosystèmes sociaux et culturels auxquels il appartient.

Les plans d'instruction en question aboutissent, après un certain nombre de graphes (cf. chapitre III) récurrents communs à l'ensemble des individus d'un groupe socioculturel donné, à des graphes plus spécifiques (individuels), déterminés selon les buts poursuivis par chacun, à la manière dont les GPS d'automobiles fonctionnent tous selon les mêmes types d'algorithmes, mais dont les graphes varient en fonction des destinations spécifiques choisies.

Ces graphes individuels se construisent et évoluent sur la base de nos *informations acquises* (cf. chapitre II). De fait, nos comportements, « instruits » par ces *informations acquises*, suivent, dans la production de nos actes, des schémas-types récurrents. Ceux-ci semblent être clairement d'ordre algorithmique dès lors qu'ils s'articulent, dans un ordre déterminé, sur des suites d'instructions débouchant sur des résultats, en l'occurrence la production des actes en question. Ces instructions, ainsi que l'ordre dans lequel elles se succèdent, ont été préalablement stockées dans nos *informations acquises* et sélectionnées au fil du temps en raison de leur efficacité.

En définitive, le comportement humain est géré par l'ordinateur qu'est le cerveau. Les informations captées par celui-ci sont constitutives de programmes articulés sur des algorithmes. On peut y voir une preuve pratique parmi d'autres dans diverses tâches assumées par des sociétés spécialisées dans l'intelligence artificielle, telle la société chinoise iCarbonX, capable de prévoir, via des algorithmes, des actes de délinquance à partir de relevés comportementaux, psychologiques et biologiques d'individus ciblés.

Selon S. Altman, Président de l'accélérateur de Start Up *YCombinator*, « il est probable que la créativité et ce que nous pensons être l'intelligence humaine ne sont que le fruit d'un petit nombre d'algorithmes qui opèrent avec une forte puissance de calcul. En réalité, plusieurs chercheurs sur le néocortex pensent qu'il a un seul algorithme pour toute l'intelligence » (extrait de « Machine intelligence » posté sur son blog le 25/2/2015 et repris par le magazine *Le Point*, 17/8/2017, p. 67).

Dès lors que le comportement humain suit des processus algorithmiques, on peut concevoir qu'il en va de même pour les phénomènes culturels, ceux-ci constituant en quelque sorte une « programmation » d'organisation générale et commune des algorithmes individuels. La similarité des comportements dans un milieu culturel donné (qui peut aussi être celui d'une strate sociale ou d'un type de métier) est sans doute due à des algorithmes communs. *L'éducation peut se définir comme étant le centre d'apprentissage d'un ensemble d'algorithmes et la culture comme un centre de codification d'un ensemble d'algorithmes.*

Un algorithme « global » peut être envisagé comme un assemblage de sous-algorithmes inscrits dans une arborescence spécifique (la décomposition d'un algorithme global en sous-algorithmes composants s'apparente d'une certaine manière à ce que l'on appelle, en algorithmique, la « méthode descendante » – *top down*). Cette arborescence correspond, semble-t-il, à celle qui inscrit le comportement des structures dissipatives durables dans une structure hiérarchique évoquée par ailleurs dans cet ouvrage, allant de l'Univers à l'homme en passant par l'écosystème système solaire, l'écosystème « global » Terre et les sous-écosystèmes sociaux (cf. chapitre III). L'écosystème global est une structure (un organisme, un corps) composée d'une multitude de sous-structures interconnectées comme le sont les organes d'un corps vivant (schéma globalement fractal). Cela étant, il est clair que les algorithmes des comportements planétaire, social et individuel sont sujets à des variations parfois subites, dues à des phénomènes difficilement prévisibles (telles, par exemple, les catastrophes de type météorologique ou la survenance de conflits soudains) dans leurs environnements respectifs. Il n'est toutefois pas interdit de concevoir que ces phénomènes inattendus s'inscrivent eux-mêmes, également, dans des algorithmes globaux articulés sur des successions d'états d'organisation et de désorganisation, dont il nous est difficile de prévoir, statistiquement, les cycles périodiques, objets de facteurs de complexité et de chaos.

> *« Pourquoi avoir peur de ce qui nous constitue ? L'informatique, ce n'est pas seulement les ordinateurs, ce sont tous les programmes et calculs qui existent dans la nature elle-même. Depuis les années 1960, on connaît l'importance des programmes génétiques dans la constitution du vivant. Et, depuis les années 1990, grâce à la physique numérique, on sait même que les particules élémentaires font des calculs. L'informatique n'est pas fabriquée par l'homme, c'est d'abord elle qui nous fabrique. Avoir peur de l'informatique, ce serait un peu comme avoir peur de son ombre. »*
> (Mark Alizart, in *L'Obs* n° 2730, 2 au 8 mars 2017, p. 75).

Programmation, information, sélection naturelle

Comme nous l'avons souligné au chapitre précédent, la sélection naturelle n'est pas un phénomène indépendant des principes de la thermodynamique. Nous considérons qu'elle est notamment une forme de programme de traitement d'informations (informations aux sens générique et restreint), programme stimulateur et « régulateur » de la dissipation d'énergie des structures dissipatives hommes (sont privilégiés les comportements qui maximisent au mieux la dissipation d'énergie). Au sein de la hiérarchie des structures dissipatives, ce programme « régulateur » privilégie ou élimine les structures dissipatives selon leur taux d'évacuation d'entropie. C'est ainsi, notamment, que l'homme est un outil largement régi et *programmé* par la structure dissipative qui lui est « supérieure », à savoir le sous-écosystème social (et culturel) dont il fait partie. De même, le sous-écosystème social est régi et programmé par la structure dissipative écosystème global, laquelle est régie/programmée par l'environnement cosmique auquel elle appartient, et ainsi de suite. Chacune de ces structures dissipatives étant un outil (ou un organe) de la structure dissipative qui lui est « supérieure », son fonctionnement et son comportement sont gouvernés par le programme « régulateur » de cette dernière. En d'autres termes, la sélection naturelle appliquée aux structures dissipatives a pour programme de remplacer les outils/organes/systèmes déficients (inefficaces sur le plan de la dissipation d'énergie) par des outils/organes/systèmes plus performants sur ce même plan. C'est également ce que fait l'homme avec ses outils. L'outil matériel est un organe de la structure dissipative homme : il en fait conceptuellement partie intégrante, comme l'homme est un organe/outil faisant partie intégrante de sa structure dissipative supérieure. En définitive, la sélection naturelle est un *programme de favorisation ou de déclassement des organes/outils propres à des structures dissipatives « inférieures »* ; on peut concevoir que toute structure dissipative possède, à son niveau, un tel programme. On ajoutera encore que l'outil/organe robot (qui est une structure dissipative) aura nécessairement, à terme, ses propres outils/organes, auxquels il appliquera également, tôt ou tard, un programme de sélection.

En fait, tout, au sein des structures dissipatives, est traitement d'informations, depuis les principales structures dissipatives qui composent l'Univers (les amas de galaxies) jusqu'aux outils humains, en passant par l'ensemble des organismes vivants, dont les animaux et les plantes. Oui, comme le dit R. Kurzweil, l'Univers est bel et bien un ordinateur.

Remarque : nous avons souligné au chapitre I que la sélection naturelle s'appliquait à l'information propre aux espèces et non aux espèces proprement dites. Et de fait, elle s'applique bien, comme nous venons de le montrer, à des structures de traitement d'informations et, en particulier, aux informations traitées par celles-ci.

Quelques approches récentes

La causalité fait l'objet de bien des considérations d'ordre philosophique et scientifique. Selon l'approche néo-mécaniste mise en avant par W. Salmon, la causalité est directement inscrite d'une manière ontique dans les phénomènes eux-mêmes, d'où son caractère d'universalité : les phénomènes omniprésents de causes à effets en toutes matières tiennent à la structure foncièrement causale du monde, dès lors que celle-ci constitue, en soi, une nécessité physique.

E. Klein corrobore, d'une certaine manière cette approche lorsqu'il rappelle que, selon Kant :

> « La cause et l'effet ne sont pas dans le temps. C'est bien plutôt le temps qui est sous-tendu par le rapport de causalité et qui en devient un facteur complémentaire. La causalité agit en amont de la succession temporelle qui l'incarne et l'explicite : c'est elle qui organise un ordre objectif dans le temps en tissant le fil des séquences où s'enchaînent les événements. » (E. Klein, 2007, p. 31)

On le voit, cette position met également en évidence la primauté de la causalité – et, implicitement, de la démarche déterministe – dans l'approche de phénomènes aussi fondamentaux que celui du temps.

Il est concevable que le caractère computationnel et algorithmique du fonctionnement et du comportement de l'Univers (de même que de celui de toute structure dissipative durable) puisse aussi être considéré comme ontique (intrinsèque à l'Univers). Dans le même ordre d'idées, divers penseurs ont également estimé que la mathématique était « inscrite » d'une manière intrinsèque dans le fonctionnement de l'Univers. On pourrait fonder cette hypothèse sur les propos de R. Kurzweil dans son livre *Humanité 2.0*, où il est souligné que, selon les tenants du pancomputationalisme, le fonctionnement de l'Univers s'articule sur des bases mathématiques. Dans l'esprit d'E. Fredkin (inventeur de la « Digital philosophy »), « on ne doit pas considérer la réalité comme étant constituée de particules et de forces, mais plutôt de fragments de données modifiées selon des règles de calcul ». (R. Kurzweil, 2007, p. 98)

L'ensemble de ces considérations rejoignent ou prolongent les approches de diverses théories philosophiques et/ou scientifiques dont celles défendues par le physicalisme (W.V.O. Quine, notamment), le computationnisme de l'esprit (cf. J. Fodor), les neurosciences computationnelles (cf. D. Marr), le formalisme (les mathématiques existent en dehors de toute intention ou de toute pensée) ou encore le connexionisme (cf. H. Putnam).

Au-delà, la thermodynamique pourrait bien être la principale donnée « ontique » universelle à laquelle se rattacheraient les autres données que sont la causalité et la mathématique (et l'algorithmique). Le temps pourrait relever d'une causalité inscrite elle-même dans l'accroissement continu de l'entropie…

La question du libre arbitre

L'affirmation du déterminisme dans le champ macrophysique met en question la possibilité que s'y produisent des phénomènes *ex nihilo*, à savoir des phénomènes échappant à tout fil de causalité. Pour le domaine qui nous préoccupe, à savoir celui du comportement des structures dissipatives que sont les humains, ce fil de causalité – articulé sur des successions d'états d'organisation, de désorganisation et de réorganisation (et ainsi de suite) – se poursuit continuellement jusqu'au moment où est atteint l'état d'équilibre. Il n'intervient jamais d'interruption durable dans ce fil de causalité cyclique, toujours présent en toile de fond de tous nos actes et réflexions. Ce fil se situe à la base de tout comportement et, partant, de tout ce que l'on a coutume d'appeler la décision (et le choix).

Selon nous, il n'existe pas de véritable libre arbitre, rien ne pouvant s'accomplir *ex nihilo* en dehors de toute impulsion causale préalable et, en l'occurrence, en dehors du fil de causalité propre à la succession d'états d'organisation et de désorganisation, dès lors que celui-ci conditionne le fil de notre existence. Si la Théorie du chaos prête à penser qu'il existe bel et bien des phénomènes pleinement imprévisibles – et qui sont alors qualifiés d'aléatoires par divers spécialistes de ladite théorie – nous considérons, pour notre part, que ces phénomènes ne sont jamais totalement indépendants d'un fil de causalité, quand bien même nous ne sommes pas en mesure de le définir ou de l'appréhender. Nous rejoignons en cela R. Penrose, quand il attribue à des « variables cachées » la cause des indéterminismes supposés dans les phénomènes dits chaotiques. Quant à I. Prigogine, il considère que « le plus fructueux et le plus rigoureux des dialogues [...] menés avec la nature aboutit à l'affirmation du déterminisme », et il précise plus loin : « [...] les lois de la nature ne traitent plus de certitudes, mais de possibilités ; elles affirment le devenir et non plus seulement l'être » (I. Prigogine, 1996, p. 22 et 183). Ces propos sont corroborés par I. Ekeland, pour qui « L'Univers est régi par des modèles déterministes, que ce soient celui de Newton ou celui d'Einstein, mais cela n'implique pas que l'avenir soit calculable, pas plus que le passé » (I. Ekeland, 2006, p. 128). K. Popper abonde dans le même sens lorsqu'il affirme qu'« il n'existe aucun argument spécifique qu'on puisse tirer de la mécanique quantique contre le déterminisme » (E. Balibar et P.

Macherey, *Encyclopædia Universalis*, article « Déterminisme », corpus 6, p. 25). Les deux citations de ces derniers auteurs inscrites tout au début du présent chapitre en guise d'introduction, abondent dans ce même sens d'affirmation du déterminisme.

Ajoutons encore, pour être plus complet, cette citation du physicien et mathématicien R. Penrose (1999) :

> « On dit souvent que la mécanique quantique est floue et non déterministe, mais c'est inexact. Aussi longtemps qu'on reste au niveau qui lui est propre, la théorie quantique est précise et déterministe. Sous sa forme la plus familière, la mécanique quantique repose sur une certaine équation, dite "équation de Schrödinger", qui gouverne l'évolution de l'état physique d'un système quantique [...] et il s'agit bien d'une équation déterministe. »

(On notera en passant que Dieu, tel qu'il est notamment conceptualisé dans la métaphysique aristotélicienne, constitue un phénomène produit *ex nihilo*, mais d'une manière assurément plus nuancée : en l'occurrence, il s'agirait d'un phénomène existant de toute éternité, et donc sans causalité puisque dépourvu de facteur premier. Le phénomène Dieu ne sera pas envisagé ici en tant que phénomène produit *ex nihilo*, étant entendu qu'il n'appartient pas à l'ordre des phénomènes observés par les sciences de la nature – celles-ci constituant le cadre de notre démarche générale).

Revenons plus spécifiquement à la question du libre arbitre. Cette question se doit d'être posée dans ce livre, dans la mesure où, comme nous l'avons considéré au fil des pages, le comportement humain est avant tout gouverné par un ensemble de phénomènes inscrits dans des lois et principes des sciences de la nature et des sciences formelles (thermodynamique, causalité, écosystémique, sélection naturelle, Théorie de l'information, algorithmique, etc.) qui semblent laisser peu de place – sinon aucune – à la capacité d'autodétermination des individus. La question du champ d'action du libre arbitre se pose alors et, au-delà, celle de son existence même. (On notera en passant que le fait d'inscrire intégralement le fonctionnement de l'individu dans le champ des lois de la physique et du déterminisme peut constituer pour certains une approche par trop mécaniste ou trop matérialiste, occultant la « spiritualité » – terme « flou » s'il en est – de l'homme, souvent perçue comme essentielle.)

Si l'on exclut la possibilité de phénomènes produits *ex nihilo*, l'homme se voit dépouillé de sa totale capacité d'autodétermination – le libre arbitre – liée à la décision et au choix.

Le choix, tel qu'il est ordinairement conçu, correspond en principe à un traitement d'informations (le fait de se demander ce que l'on va faire) qui va déterminer les réflexions et les actes conséquents. Dans les faits, nous pouvons effectuer ce traitement d'une manière auto-organisée, mais il convient d'éviter toute confusion entre auto-organisation et autodétermination. Car, comme nous l'avons vu au chapitre II, toute auto-organisation requiert, pour fonctionner, un *input* extérieur, contrairement à une autodétermination absolue qui consisterait dans une disposition à agir *ex nihilo*.

Par ailleurs, tout choix (ou toute décision) s'inscrit dans *le fil de causalité cyclique* dont il a été question au début du présent chapitre : il consiste nécessairement dans une production de structures dissipatives favorisant, en principe, un état d'organisation. On ne « choisit » pas de se mettre dans cet état : il s'agit d'un comportement « machinal » inhérent à notre profil de structure dissipative et aux lois de la nature qui les gouvernent, dont celles qui imposent des cycles de causalité (une structure dissipative produit constamment des fils successifs d'autres structures dissipatives favorisant des états d'organisation).

Comme nous l'avons vu plus haut, le comportement humain consiste dans un traitement continu d'informations articulé sur des schémas algorithmiques omniprésents et récurrents. Ce comportement évoluant au gré de ce que l'on appelle « décisions » et « choix », il nous semble clair que ceux-ci sont déterminés par ces mêmes schémas algorithmiques. Ces derniers sont construits au fil du temps sous forme de « programmes » dans nos *informations acquises* alimentées par des *informations nouvelles* ; ils sont favorisés – et déterminés – par la sélection naturelle selon leur degré de capacité à produire de l'organisation (qui aboutira, *dans le fil de causalité cyclique*, à maximiser autant que possible de la dissipation d'énergie). Et, au vu de l'approche que nous avons définie au chapitre IV, nos comportements individuels sont sélectionnés par la structure dissipative « supérieure » (le sous-écosystème social ou, directement, l'écosystème global) au profit de sa propre organisation (pour preuve, s'il nous arrive de produire un comportement nuisible à l'organisation de la structure « supérieure » à laquelle nous appartenons – la structure sociale –, celle-ci a prévu des sanctions à caractère sélectif : la désapprobation et/ou l'application de règles juridiques) (cf. propos similaires au chapitre IV, paragraphe « Comportement et sélection »). Il ressort de ces considérations qu'il n'existe pas de « décision » ou « de choix » produits *ex nihilo*, notre comportement étant régi par des programmes algorithmiques définis par les structures dissipatives « supérieures », régentées par la sélection naturelle.

En définitive, ce que l'on désigne sous le terme de décision est l'expression comportementale d'une émergence née de la conjugaison d'*informations acquises* (issues au départ de l'environnement) et d'*informations nouvelles* (également originaires de l'environnement) ;

cette conjugaison constitue un « bruit » (ré)organisateur impliqué par diverses formes de nécessité néguentropique.

La question du libre arbitre a une longue histoire derrière elle. C'est ainsi que B. Spinoza affirmait déjà dans un ouvrage datant de 1677 (*Éthique, Pars 1, proposition 32*) que « la volonté ne peut être cause libre, mais seulement cause nécessaire [...] car la volonté, comme toute chose, demande une cause qui la détermine à exister et à agir d'une manière donnée ». Cent ans plus tard, J. Priestley abondera dans le même sens : « Dire que la volonté se détermine elle-même ne représente absolument aucune idée, ou plutôt implique une absurdité, à savoir qu'une détermination, qui est un effet, puisse se produire sans aucune espèce de cause » (*La doctrine de la nécessité philosophique*, 1782.) Plus récemment, H. Atlan a ajouté sa contribution à la critique du libre arbitre en partant du monisme spinoziste, d'après lequel il n'y a pas de relation causale entre l'esprit et le corps, ceux-ci constituant « une seule et même chose, mais exprimée de deux manières », d'autant que « le corps ne peut déterminer l'esprit à penser, ni l'Esprit déterminer le corps au mouvement, ni au repos, ni à quelque chose d'autre (si ça existe) » (Spinoza, *op. cit.*) ; H. Atlan (*Philosophie Magazine*, juin 2011), spinoziste convaincu, complète cette approche :

> (Si l'on découvre à partir de cette identité du corps et de l'esprit que) « tel état du corps est déterminé par un état antérieur du corps, alors il en va de même pour les états de l'esprit. Il n'y a donc aucune raison d'imaginer que l'esprit puisse créer quelque chose à partir de zéro, une série causale nouvelle. Le libre arbitre s'effondre. [...] L'homme n'échappe pas au déterminisme de la nature, mais il fait partie d'elle ; les artefacts qu'il fabrique sont fabriqués par la nature à travers lui. »

D'autres philosophes et scientifiques se sont penchés sur cette question du libre arbitre en en niant l'existence, dont, notamment, A. Schopenhauer dans son *Essai sur le libre arbitre*. Beaucoup plus récemment, B. Libet et ses collaborateurs ont observé que la décision « volontaire » consciente de produire physiquement des actes à court terme et sans planification préalable, *ne précédait pas, mais suivait* d'environ 300 millisecondes l'initiation du mouvement, telle qu'elle est mesurée par l'activité électrique du cortex cérébral. Ce constat signifie que l'initiation d'un mouvement perçu après coup comme volontaire est en réalité déclenchée par une activité cérébrale inconsciente et que la conscience qu'on en a après coup est *interprétée* comme sa cause.

De fait, lorsque les individus sont interrogés sur le moment de leur décision, ils le situent par une sorte d'antédatation, avant l'initiation de l'action. Pour H. Atlan (2011, p. 243-248) :

> « La neurophysiologie expérimentale et la clinique confirment le caractère retardé de la conscience du but, des moyens utilisés pour y parvenir et de soi-même comme agent et auteur, par rapport au déroulement effectif de l'action, bien que celle-ci soit pourtant perçue comme le sujet « volontaire » au sens de causée par sa volonté consciente […] Les données les plus récentes de la neurophysiologie confirment l'idée déjà ancienne bien que contre-intuitive d'une dissociation entre les mécanismes de la représentation consciente et ceux qui sont responsables de l'action. »

S. Hawking et L. Mlodinow dans leur livre *Y a-t-il un grand architecte dans l'Univers ?* (2011, p. 41), abordent également la question du libre arbitre en en contestant l'existence :

> « Notre connaissance des fondements moléculaires de la biologie nous montre que les processus biologiques sont également gouvernés par les lois de la physique et de la

chimie, et qu'ils sont par conséquent aussi déterminés que les orbites des planètes. » (p. 41)

Hawking et Mlodinow fondent notamment leur argumentation sur des expériences menées en neurosciences :

> « C'est bien notre cerveau physique qui détermine nos actions en se conformant aux lois scientifiques connues, et non quelque mystérieuse instance qui serait capable de s'en affranchir. Une étude réalisée sur des patients opérés du cerveau en restant conscients a ainsi pu montrer qu'on peut susciter chez ceux-ci le désir de bouger une main, un bras ou un pied, ou encore celui de remuer les lèvres et de parler. Il est difficile d'imaginer quel est notre libre arbitre si notre comportement est déterminé par les lois physiques. »

Et de conclure : « *Il semble donc que nous ne soyons que des machines biologiques et que notre libre arbitre ne soit qu'une illusion* » (*ibid.*, p. 41-42). Pour notre part, nous considérons que le cerveau détermine nos actions non en tant que preneur de décisions, mais en tant que structure de traitement d'informations issues de l'environnement (comme nous l'avons rappelé plus haut, ce traitement s'effectue via les programmes algorithmiques constitués dans nos *informations acquises*).

On se référera également à ces propos d'E. Durkheim (2007, p. 64-65) :

> « Puisqu'il est aujourd'hui incontestable que la plupart de nos idées et de nos tendances ne sont pas élaborées par nous, mais nous viennent du dehors, elles ne peuvent pénétrer en nous qu'en s'imposant [...]. Dans une assemblée, les grands mouvements d'enthousiasme, d'indignation, de pitié qui se produisent, n'ont pour lieu d'origine aucune conscience particulière. Ils viennent à chacun de nous du dehors et sont susceptibles de nous entraîner malgré nous. [...] nous sommes alors dupes

d'une illusion qui nous fait croire que nous avons élaboré nous-mêmes ce qui s'imposait à nous du dehors ».

« Les hommes se croient libres pour la seule raison qu'ils sont conscients de leurs actions, et ignorants des causes par quoi elles sont déterminées. »
(Spinoza, *op. cit.*, partie III, proposition 2, scolie)

Contestation de la négation du libre arbitre

La négation du libre arbitre est très loin, on le sait, de faire l'unanimité. Le premier problème qui surgit à l'esprit est que cette négation met en question la responsabilité individuelle : de fait, si l'individu n'est plus à même de décider, il n'est du coup plus personnellement responsable de ses actes. À ce problème, H. Atlan (défenseur, comme nous l'avons vu plus haut, du principe de non-existence du libre arbitre) répond :

« Nous pouvons être responsables, au sens d'être en charge et d'avoir à répondre, même de ce que n'avons pas choisi [...] En somme tout est prévu, mais nous avons la possibilité d'agir comme si ce n'était pas le cas... ». (*Nouvel Observateur*, Hors-série, décembre 2013-janvier 2014).

Au nombre des argumentations favorables à l'existence du libre arbitre, on trouve celles, très répandues, qui tablent sur une remise en question du déterminisme. À titre d'exemple parlant, nous nous référerons à l'ouvrage du spécialiste des neurosciences M. S. Gazzaniga (2013), intitulé *Le libre arbitre et la science du cerveau*. On a affaire ici à une définition préconçue du déterminisme – et malheureusement très couramment répandue – selon laquelle celui-ci impliquerait une parfaite prédictibilité de tous les effets de n'importe quelle cause :

« Nombre de physiciens ne sont plus sûrs que le monde physique soit déterminé de façon prédictible parce que les mathématiques non linéaires des systèmes complexes ne permettent pas de faire des prédictions exactes des états futurs. » (p. 142)

Il est un fait que les Théories de la complexité (et du chaos) ont clairement mis en évidence la difficulté de prédire avec précision certains effets liés à certains types de causes. En vérité, cette difficulté tient dans l'« incapacité » intellectuelle à atteindre cette précision. Mais celle-ci, comme l'ont souligné I. Prigogine et I. Ekeland (cf. citations plus haut dans le présent chapitre), n'implique nullement l'absence d'un lien entre causes et effets. La seule différence d'approche se situe dans la substitution du terme « probabilité » à celui de « prédictibilité ». Il y a là une nuance que les défenseurs du libre arbitre nient souvent avec un aveuglement qui confine peut-être, parfois, à de la mauvaise foi.

L'approche du philosophe Rudolph Carnap (1973, p. 213), l'un des principaux représentants de l'empirisme logique, mérite également de retenir notre attention. De fait, il étaie sa position pro-libre arbitre à partir d'un exemple-type, dont le caractère discutable a pour effet d'alimenter notre propre position, radicalement opposée. Cet exemple est le suivant :

> « J'apprends qu'un ensemble de musiciens de qualité donnent une audition privée de Bach chez un ami [...]. L'on m'invite et on me fait savoir que je peux venir accompagné. J'appelle un autre ami, amateur de Bach, en étant quasiment certain d'avance qu'il voudra venir. [...] Supposez maintenant qu'il m'accompagne comme prévu. A-t-il été contraint de venir ? Non ; il est venu de lui-même. Il n'est jamais plus libre, en fait, que devant un choix de ce genre. »

Ce raisonnement est malheureusement très contestable. Car les motifs qui suscitent l'intérêt de l'ami pour les œuvres de Bach relèvent d'un ensemble de circonstances liées à son milieu et à son éducation. Les conditions qui l'autorisent à se rendre à cette audition tiennent à une imbrication complexe d'événements successifs qui ont abouti à lui accorder ce moment de disponibilité. Les motifs de l'amitié qui lient l'invité à l'invitant relèvent également d'une imbrication d'événements successifs produits dans le milieu commun aux deux hommes, etc. Il est facile de montrer, si l'on se fonde sur l'approche défendue dans ce livre, que tous les éléments réunis pour l'événement considéré relèvent de facteurs acquis (l'amour de la musique de Bach et l'amitié entre les deux protagonistes, notamment) et de conditions particulières propres à l'environnement (la mise sur pied d'une audition musicale et la disponibilité des deux amis à un même moment). La conjonction de ces facteurs déterminants n'implique nullement l'existence d'un choix délibéré : le fait que l'invité se rende à l'audition relève tout simplement des imbrications d'une succession de causes à effets qui conduisent inéluctablement, à un moment donné, à l'émergence d'un tel événement. C'est cette émergence que l'on tend à appeler un choix (ou une décision) : en fait, il ne s'agit que d'un constat après coup, le résultat d'une rationalisation purement égocentrique d'un fait issu, en réalité, de la conjonction d'une infinité de facteurs produits par notre environnement et qui ont, au fil du temps, abouti à l'émergence d'un comportement déterminé (comme c'est du reste le cas pour tout comportement).

Il est un fait que l'ensemble des considérations qui précèdent n'épuise pas toutes les approches du problème ; il se trouve encore et toujours de nombreuses argumentations en faveur de l'existence du libre arbitre, dont la cohérence tient en particulier à la démarche philosophique contextuelle dans laquelle elles se situent. Quant à la pertinence supposée de notre approche, telle que défendue dans ce chapitre, elle s'inscrit dans cette posture résolument déterministe que nous avons mise en avant tout au long de cet ouvrage. Cela étant, il n'est pas exclu que des raisonnements déterministes d'autre nature aboutissent à une défense de l'existence du libre arbitre que bon nombre jugeront parfaitement plausible.

Déterminisme et sélection naturelle

Au vu des propos qui précèdent, il est clair que notre négation du libre arbitre relève d'une démarche d'ensemble selon laquelle tout s'inscrit dans des fils de causalité – en l'occurrence d'ordre thermodynamique – remontant au plus lointain passé (jusqu'au big bang), et où l'homme est considéré comme un des mécanismes dont dispose notre écosystème global pour maximiser sa propre dissipation d'énergie (et, ce faisant, conserver durablement son homéostasie). Chaque individu est une structure dissipative produite à l'issue d'une très longue hiérarchie de structures dissipatives antérieures, dont l'essence même consiste à participer à la variation du taux d'entropie globale. Le fait qu'il lui soit notamment donné de penser résulte de la sélection naturelle dont on sait – d'après notre approche – qu'elle privilégie les structures et mécanismes les plus performants en termes de dissipation d'énergie. En l'occurrence, l'aptitude à penser est assurément l'un de ces mécanismes particulièrement performants. Cela étant, la croyance selon laquelle la pensée s'articule sur le libre arbitre est sans doute aussi l'expression d'une nécessité d'ordre thermodynamique, les valeurs culturelles faisant également l'objet de la sélection naturelle ; à leur manière, ces valeurs sont des structures dissipatives et, en tant que telles, elles sont appelées à s'effacer tôt ou tard pour faire place à de nouvelles structures dissipatives plus performantes dans le même champ opérationnel, en termes de dissipation d'énergie. La « valeur » croyance dans le libre arbitre semble à l'heure actuelle demeurer suffisamment performante, de sorte qu'elle peut encore avoir de beaux jours devant elle. Souvent les théories innovantes affrontent un délai relativement long avant d'être pleinement validées, probablement parce qu'elles ne jouent pas, au moment de leur apparition, un rôle déterminant dans la maximisation de dissipation d'énergie. Autrement dit, s'il s'avère que l'innovation joue un rôle pleinement organisateur, elle aura quelques chances d'être validée par la sélection naturelle, mais généralement d'une manière différée.

Deuxième partie
Effets et conséquences

Chapitre VI

Dissipation d'énergie et comportement

Nous avons vu au chapitre précédent que la sélection naturelle favorisait notamment les espèces, les sociétés, les cultures (dont les valeurs propres à celles-ci) et les comportements en fonction de leur capacité à maximiser la dissipation d'énergie (ou à contribuer à cette maximisation).

Nous avons noté par ailleurs, selon I. Prigogine, que « la formation de structures éloignées de l'état d'équilibre n'existe qu'aussi longtemps que le système dissipe de l'énergie et reste en interaction avec le monde extérieur » (2008, p. 28). D'autre part, selon F. Roddier, les *« structures dissipatives maximisent leur taux de production d'entropie* (autrement dit, leur dissipation d'énergie) », constat qu'il complète en notant que les écosystèmes « s'auto-organisant de façon à constamment maximiser leur taux de dissipation d'énergie, on s'attend à ce que ce processus s'applique aux sociétés humaines » (qui sont aussi des formes d'écosystèmes et, partant, des structures auto-organisées).

Il découle du critère de sélection naturelle rappelé ci-dessus et étayé au chapitre IV, ainsi que des citations qui précèdent, que l'homme – élément constitutif de sociétés dissipatrices d'énergie, structure dissipative et, en tant que telle, structure auto-organisée – se comporte également, individuellement, de manière à dissiper de l'énergie à suffisance, de manière à demeurer aussi éloigné que possible de l'état d'équilibre. Cette affirmation se fonde aussi sur le fait que l'homme est un élément du milieu dans lequel il évolue, de sorte que les principes énergétiques appliqués à cet environnement (l'écosystème) s'appliquent, en principe, tout autant à lui-même. De plus, il est clair que la sélection naturelle marginalise les individus qui dissipent peu d'énergie, tant sur les plans professionnel et social que sur le plan physiologique, ainsi que les groupes sociaux. Et, au point ultime, la mort (l'état d'équilibre) consiste dans l'arrêt de toute dissipation d'énergie.

En conséquence des propos qui précèdent, nous formons l'hypothèse que les phénomènes et mécanismes du fonctionnement et du comportement humains (de même que ceux qui concernent les autres organismes vivants et autres structures physiques) sont régis par la loi MaxEP. On rappellera que le schéma d'application de cette loi implique des apports d'informations productrices de néguentropie (en ce inclus des apports d'énergie et de matière), préalables à la production d'énergie libre, dont une partie sera dissipée. Si l'homme passe le plus clair de son temps à se réorganiser en raison des effets désorganisateurs de l'entropie croissante et omniprésente – l'organisation correspondant à une reconstitution constante de l'état néguentropique – il le fait dans le contexte de son évacuation d'entropie (sa dissipation d'énergie).

La suite de ce chapitre sera consacrée à justifier cette affirmation au travers d'un bon nombre d'exemples pris dans la vie courante. Il s'agira d'un ensemble de cas où des individus sont en situation de dissiper de l'énergie d'une manière importante par eux-mêmes, mais aussi, lorsqu'il y a lieu, de produire un complément de dissipation par l'intermédiaire d'autres individus ou de mécanismes adéquats (dissipation en cascade).

Incidences de type socio-économique (exemples)

On peut notamment montrer que les structures qui réussissent le mieux (les plus performantes dans le maintien durable de leur niveau d'organisation) sont celles qui optimisent particulièrement bien la maximisation de leur dissipation d'énergie. De fait, ce sont les sociétés – dont les structures étatiques – qui dissipent le plus d'énergie, qui dominent actuellement le monde, comme il l'a été souligné au chapitre I, dissipation liée en l'occurrence à une optimisation de production d'énergie libre, réalisable via un accès optimal à l'énergie et à la matière (sous-entendu : une consommation et une utilisation optimales de celles-ci en termes de production d'énergie libre) et à l'information. Le revers de cet accès – parce qu'il implique une forte consommation d'énergie – est que, ce faisant, ces sociétés sont aussi celles qui polluent le plus l'environnement. Mais si des mesures drastiques visant la réduction de la pollution aboutissaient à une forte diminution de la consommation d'énergie, cela se ferait au détriment de la croissance économique et du bien-être économique moyen des individus (les plus gros dissipateurs d'énergie étant, comme nous venons de le rappeler, les mieux favorisés sur le plan économique). Sachant que les lois de la thermodynamique nous conduisent à dissiper toujours plus vite (et, *in fine*, toujours davantage) l'énergie, il est peu probable que nous soyons en état de réduire cette dissipation – qui suppose une réduction de la production d'énergie libre – sans engendrer des gros problèmes socio-économiques au plan individuel et au plan social.

Comme l'écrit bien à propos M. Forsé (1989, p. 101), « [...] l'existence de systèmes physiques susceptibles de maintenir et même de multiplier des états d'ordre (se fait) aux dépens d'une production simultanée d'entropie. La vie entraîne obligatoirement la pollution ». Il s'agit de continuer à produire plus d'énergie libre tout en mettant en place – comme nous l'avons souligné à plusieurs reprises – des technologies qui permettent de réduire la production de pollution. Faire « marche arrière » en termes de production d'énergie libre serait inopérant : comme « avant », l'écosystème dans sa globalité (dont le sous-écosystème social) dissipait moins, ce qui se passait alors serait totalement inapproprié aujourd'hui, au vu de l'accroissement de dissipation impliqué par la loi MaxEP.

L'appropriation de ressources en énergie-matière est la cause de bien des conflits politiques qui secouent le monde. Car, de fait, ces conflits ne résultent-ils pas, très souvent, de difficultés liées à la possession de ressources suffisantes pour renforcer l'organisation/néguentropie dont bénéficieront les concitoyens (organisation permettant une large production d'énergie libre aboutissant à maximiser la dissipation d'énergie) ? Sur le plan interne, la société met en place des structures politiques, financières, juridiques, culturelles et de santé censées être favorables, directement ou indirectement, à un accès aux ressources propices à l'organisation (au sens néguentropique) des citoyens, celle-ci permettant également de produire de l'énergie libre dont une partie sera dissipée. De fait, l'ensemble des questions gérées par les gouvernements et autres instances publiques ont *in fine* trait à l'accès aux ressources au profit de la gestion de l'État et des administrés : les relations commerciales avec l'étranger ont pour objet, d'une part, d'importer des ressources en quantités suffisantes pour les besoins de la population et, d'autre part, de réaliser des exportations en volumes suffisants pour dégager des revenus rendant également plus accessible l'accès des concitoyens aux ressources ; la politique d'éducation vise à favoriser l'accès aux connaissances utiles à l'accès à l'emploi et aux vecteurs d'informations à caractère néguentropique ; la promotion des arts et de la littérature sert en principe d'assise aux développements de l'éducation et poursuit sensiblement les mêmes rôles que celle-ci ; les instances juridiques publiques ont pour rôle de faire respecter un vaste ensemble de valeurs contribuant à harmoniser les comportements dans un sens organisateur, c'est-à-dire dans un contexte permettant d'optimiser, sans heurts, les échanges d'information et l'accès aux ressources en général au sein de la société ; quant aux structures de santé, il va de soi qu'elles visent à préserver la survie et le bon fonctionnement des individus en termes de capacité à produire de la néguentropie, c'est-à-dire, encore et toujours, en termes de production d'énergie libre favorable à une maximisation de la dissipation d'énergie.

Toujours dans le domaine socio-économique, une de nos hypothèses est *qu'il existe très fréquemment – mais pas d'une manière absolue – un lien étroit entre les revenus des individus (ou des États, des régions, des groupes sociaux) et leur taux de dissipation d'énergie* (qu'ils produisent eux-mêmes individuellement ou en cascade, c'est-à-dire par le biais d'individus ou d'outils qui complètent leur action) :

- C'est ainsi que les banquiers de haut rang ont de hauts revenus : le lien avec la dissipation d'énergie s'exprime dans le fait que leurs activités produisent bien souvent des résultats en cascade auprès d'un grand nombre d'individus, d'où une addition importante de dissipations d'énergies individuelles (le financement d'investissements peut toucher bon nombre de personnes dans une vaste hiérarchie de tâches) ; ces actions et décisions peuvent également concerner un large éventail de produits eux-mêmes dissipateurs d'énergie.
- Il en va de même pour les chefs d'entreprise : plus il y a d'employés, plus il y a potentiellement de dissipations individuelles d'énergie et de production de biens ou de services qui, eux-mêmes, présenteront un certain potentiel de dissipation (l'enrichissement est bien entendu aussi lié à la nature des produits mis en vente par l'entreprise).
- Les gouvernants et hauts responsables des grandes institutions internationales sont souvent bien rémunérés : de fait, leurs actions et décisions ont également de larges incidences sur le devenir et le comportement

d'un vaste ensemble d'individus (d'où une addition de dissipations d'énergie importante).

- Les stars du spectacle (acteurs, chanteurs, sportifs de haut niveau…) sont souvent bien rémunérées : les spectacles supposent généralement l'implication en termes de travail de producteurs, de gérants des lieux de spectacle et de tout un personnel de gestion et d'accompagnement qui permettront, mis ensemble, de dissiper beaucoup d'énergie (dissipations en cascade). Plus les stars ont de succès, plus le public est nombreux, public qui dissipe également de l'énergie, notamment en applaudissant, en dansant, en chantant avec le chanteur, en produisant du bruit, etc. De plus, les « informations » jouées ou chantées par ces vedettes vont, à l'extérieur des salles de spectacle, trouver des prolongements (disques, clips, diffusion sur les médias, les ordinateurs personnels, etc.) touchant en cascade un large public qui, de ce fait, dissipera un supplément d'énergie (cf. règle : information => production d'énergie libre => dissipation d'énergie). Les humoristes à succès déclenchent le rire, lequel se traduit en dissipation d'énergie de la part du public récepteur, d'autant plus maximisée si l'humoriste fait beaucoup rire ; la propagation de leurs traits d'humour en dehors des salles de spectacle, sous forme d'histoires drôles, constitue également un mode de dissipation en cascade. Plus ils atteignent un large public, plus ils tendent à s'enrichir. De même, pour les équipes de football (notamment) qui font « vibrer » les nombreux spectateurs (forte dissipation d'énergie) ; comme elles rapportent de l'argent pour elles-mêmes, pour la gestion de leur club et pour leurs sponsors, elles sont d'autant plus dissipatrices d'énergie (par elles-mêmes et en cascade). À noter que les disciplines sportives requérant les plus grands efforts physiques individuels (et donc une forte dissipation d'énergie) ne sont pas nécessairement, au total, les plus gros « maximisateurs » de dissipation, dans la mesure où elles ne sont pas nécessairement celles qui attirent le plus large public (effets en cascade).

- Dans le même ordre d'idées, les sociétés productrices d'information et de films (cinéma, télévision, journaux et magazines, réseaux sociaux, Internet…) contribuent à maximiser de la dissipation d'énergie de la part des récepteurs des informations, maximisation amplifiée par la diffusion en cascade au sein du public. Bien souvent, les journalistes et animateurs à succès, ainsi que les producteurs, gagnent très correctement leur vie.
- Les experts (en toutes matières, artistiques, artisanales, industrielles ou sportives notamment) sont généralement très recherchés et bénéficient d'une rémunération souvent au-dessus de la moyenne. Les grands artistes reconnus (et les experts en général) sont la plupart du temps ceux qui introduisent des idées inédites dans leurs œuvres et réalisations (on le voit, l'art contemporain valorise avant tout les auteurs qui surprennent). Or, comme nous l'avons souligné, l'innovation est un facteur important en termes d'information à caractère néguentropique (cf. Théorie de l'information, voir chapitre II) et elle constitue également une forme de *bruit* au sens où l'entend le principe d'organisation par le bruit (facteur de maximisation de dissipation d'énergie). Parenthèse : le cinéma et le roman sont de gros fournisseurs d'information ; ordinairement, l'information y semble d'autant plus organisatrice qu'elle présente une force narrative ou expressive évidente (information plus intensément perçue). Cette force est, en règle générale, moins perceptible dans la poésie, d'où son succès mitigé. On a connu des films (de la nouvelle vague, par exemple) et des romans (de l'époque du nouveau roman, par exemple) dont les

scénarios étaient peu porteurs d'information ; celle-ci était à trouver dans le style et dans la forme, qui constituaient alors, auprès d'une certaine intelligentsia, des facteurs innovateurs d'importance et, partant, néguentropiques pour les publics avertis.

- Les individus les plus riches sont aussi ceux qui achètent les produits les plus chers, qui bien souvent requièrent pour leur fabrication le travail d'experts dont la valeur innovante est très élevée. Cette valeur est liée au fait – comme nous l'avons mentionné plus haut – que pour arriver à ce stade de spécialisation, les experts ont dû, au cours de leur formation, emmagasiner des informations innovantes liées à de fortes dissipations d'énergie. Une Porsche (chère à l'achat) est plus fortement dissipatrice d'énergie (en termes de force énergétique et de dépense financière répercutée sur les techniciens experts) qu'une petite Renault.
- Les plus nantis sont aussi ceux qui peuvent accéder au plus large éventail de ressources (énergie, matière, information), accès leur offrant des possibilités supplémentaires de production d'énergie libre et donc de maximisation de dissipation d'énergie.
- Les simples exécutants au bas des échelles hiérarchiques sont plus faiblement rémunérés. De fait, la dissipation en cascade produite par leurs supérieurs s'arrête généralement à leur niveau d'exécution : la dissipation d'énergie qu'ils produisent se limite aux effets de leur propre travail et engage peu de cascades de dissipation à des niveaux inférieurs. On notera encore à ce propos que les revenus individuels décroissent habituellement selon le niveau hiérarchique des employés, niveau qui mesure, d'une certaine manière, le degré de cascades dont ils assurent la gestion.
- Il est désastreux pour un individu de perdre son travail, pour de multiples raisons dont, en définitive, la plus

importante suivant notre analyse, tient au fait que les moyens financiers perdus suppriment l'accès à un ensemble de types d'informations (dont les ressources en énergie-matière) ordinairement utilisées pour produire de l'énergie libre et la dissiper. Être sans emploi peut également constituer un critère de dévalorisation qui va nuire à l'intégration sociale de l'individu, d'où une perte de conditions complémentaires de production d'énergie libre et de dissipation de cette énergie.

- Les jeunes « zonards », dès lors qu'ils sont sans travail, dissipent peu d'énergie. Des moyens financiers étant utiles pour s'approprier les ressources favorisant cette dissipation, ils recourent fréquemment au vol ou, par exemple, à la vente de produits illicites. Si, dans certaines cités, des activités sportives auprès des zonards rencontrent parfois un certain succès et contribuent quelquefois à réduire le nombre d'actes de délinquance, c'est probablement parce qu'elles constituent un bon substitutif en termes de dissipation d'énergie. En soi, les actes de délinquance sont des bons moyens de dissiper de l'énergie. Et si ces jeunes inactifs dégradent les lieux, c'est aussi pour dissiper de l'énergie. Ici également, ce sont les chefs qui, par eux-mêmes ou en cascade via la hiérarchie qu'ils dirigent, ont le meilleur accès aux ressources et, partant, dissipent le plus d'énergie. Lorsqu'un rival montre qu'il peut dissiper plus d'énergie, par lui-même ou en cascade, il peut rapidement devenir chef à son tour. On peut imaginer que les choses ont pu se passer de la même manière dans les tribus primitives. Par ailleurs, les graffitis sur les murs (tags) constituent peut-être des moyens pour des individus (généralement des jeunes) dissipant peu d'énergie, d'en dissiper relativement plus via l'effort de création et dans la mesure où leurs « œuvres » (processus d'information) sont visibles de plusieurs personnes.

- On peut concevoir que les peuples les plus riches engendrent moins d'enfants que les peuples plus pauvres au motif que les plus riches sont en mesure de dissiper plus d'énergie grâce à leurs ressources financières. Pour les moins nantis, il est un fait que les enfants constituent, dans une famille, des processus de dissipation d'énergie en cascade (par exemple, dans le cas de fermes familiales), d'où un certain niveau de maximisation.
- Le ralentissement ou la diminution de la dissipation d'énergie (liée à une réduction de la production d'énergie libre) dans un pays ou une région donnés correspondent à une stagnation ou à une décroissance de l'économie. Mais étant donné que l'écosystème humain dans sa globalité, en tant qu'élément de l'écosystème global (la Terre), continue en permanence d'accroître sa dissipation d'énergie, l'abaissement du taux de dissipation dans une zone géographique donnée est vraisemblablement contrebalancé tôt ou tard par un accroissement de dissipation dans une autre zone. Et si la décroissance de cette dissipation d'énergie ne trouve pas d'équilibre compensatoire au niveau socio-économique, un des effets de cette déprime économique générale pourra être – par exemple – l'apparition de conflits hautement dissipateurs d'énergie, et pouvant constituer des *bruits* réorganisateurs (à terme). Quoi qu'il en soit, il ne faut pas perdre de vue que l'écosystème global dissipe de l'énergie par de très nombreux mécanismes autres que les humains. Les cataclysmes, les mouvements météorologiques, les éruptions volcaniques, notamment, sont, pour l'écosystème, des facteurs importants de dissipation d'énergie.
- Comme nous l'avons souligné par ailleurs, les États ou groupes socio-économiques qui dissipent le plus d'énergie sont ceux qui atteignent les meilleurs niveaux de prospérité. Pour maintenir un taux de dissipation

d'énergie suffisant en lien avec l'accroissement global (mondial) continu de cette dissipation (imposée d'une manière incontournable par les phénomènes signifiés dans la loi MaxEP), il importe grandement que les États ou groupes socio-économiques, considérés individuellement, réalisent un taux de croissance économique continu. On le voit, le facteur déclencheur est la perspective d'une maximisation de la dissipation d'énergie et non, en soi, celle de l'essor économique, celui-ci n'étant qu'un moyen de contribuer à la réalisation de cette maximisation. Une fois encore, ce sont les lois de la nature qui imposent leur diktat. En raison de la sélection naturelle, si un État n'est plus en mesure, sur une période donnée, de maximiser sa dissipation d'énergie d'une manière croissante, il perd rapidement une part de sa puissance économique et politique par rapport à d'autres pays meilleurs dissipateurs, d'où une difficulté croissante pour cet État d'accéder aux ressources. Notre économie occidentale s'est développée de manière à maximiser au mieux sa dissipation d'énergie. Le remplacement de notre système économique actuel ne pourrait se faire que par un système tout aussi dissipateur.

Dans un autre ordre d'idées, mais toujours dans le domaine socio-économique, on se rappellera que la société des loisirs promise par certains sociologues des années 60 – dont J. Dumazedier, dans son livre *Vers une civilisation du loisir* (1962), qui imaginait, dans un futur alors proche, un processus d'accroissement du temps libre, une réduction du temps de travail et un abaissement de l'âge de la retraite, ou encore J. Fourastié, dans son livre *Le grand espoir du XXe siècle* (1962) qui prédisait un futur où l'on travaillerait en moyenne 30 heures par semaine – n'a pas été concrétisée à ce jour, l'une des raisons majeures, et peut-être la principale, étant que l'accélération de la dissipation d'énergie (loi MaxEP) ne l'a pas permis. Au contraire, cette accélération a abouti à augmenter constamment le volume de travail (production d'énergie libre) au niveau de l'ensemble de la société, histoire de maintenir ou d'accroître la dissipation totale d'énergie. L'ouverture progressive des commerces le dimanche s'inscrit aujourd'hui dans cette nécessité ; *a contrario*, le principe français de la semaine des 35 heures (voire moins) va sans doute à contre-courant de celle-ci.

Par ailleurs (comme nous l'avons mentionné plus haut), en termes strictement thermodynamiques, le problème principal du chômage tient au fait que les gens sans emploi produisent généralement peu de dissipation d'énergie. D'autre part, il est un fait que la majorité des personnes sans emploi sont celles qui possèdent peu d'expertise (les jeunes dépourvus d'expérience professionnelle ou les individus peu formés en termes de qualification rentable) et celles qui ont atteint un âge qui les rend peu adaptables à l'évolution du travail et de ses outils, ou qui coûtent trop cher en termes de revenus ou de formation (peu rentables à moyen et long terme). Ces lacunes sont représentatives de leur faible potentiel en termes de dissipation d'énergie. Dans les pays communistes, où à peu près tout le monde possédait un emploi, le coût de la masse salariale dépassait nettement son rendement en termes de dissipation d'énergie (beaucoup de gens avaient un travail peu utile et peu productif et, partant, sans grand effet dissipateur). Jusqu'à preuve du contraire, le système capitaliste semble être le « moins mauvais » système sur le plan de la dissipation globale d'énergie, d'où sa remarquable durabilité. Cela dit, il est un fait que l'accélération de la dissipation globale d'énergie à laquelle s'est le mieux adaptée l'économie libérale oblige les sociétés dites capitalistes – mais aussi, à leur suite, les sociétés moins développées – à se réorganiser constamment et à évoluer de plus en plus vite pour répondre à cette accélération, d'où une mise sur le marché sans cesse accrue de nouveaux produits, de plus en plus sophistiqués.

Autre remarque : la relation que nous avons établie entre le niveau des revenus et le taux de dissipation d'énergie souffre d'un certain nombre d'exceptions (par exemple, les leaders religieux et les enseignants, qui peuvent toucher en cascade un grand nombre d'individus, ne sont pas nécessairement bien rémunérés). De même, des ouvriers qui travaillent sans discontinuer dans des conditions parfois proches de l'esclavage, par exemple, dans des ateliers de confection indiens ou chinois, produisent sans doute, à leur échelle personnelle, une forte dissipation d'énergie, mais leurs revenus n'en bénéficient pas dans la mesure où leur production individuelle se vend à très bon marché et, surtout, parce qu'ils sont parfaitement remplaçables, ne possédant aucune expertise pointue. Quoi qu'il en soit, à la lecture de l'ensemble des arguments qui précèdent, on peut voir dans la relation entre niveaux des revenus et taux de dissipation d'énergie une sorte de règle générale qui montre, une fois encore, combien la maximisation de dissipation d'énergie est fondamentale à tous les niveaux du fonctionnement et du comportement humains. Mais les États ou régions qui dissipent le plus d'énergie étant aussi ceux qui polluent le plus l'atmosphère, on comprend facilement pourquoi les États-Unis – puissants pollueurs – ont rechigné à souscrire aux tentatives de règlementations écologiques internationales, dans la mesure, notamment, où une stricte observance de ces règles est de nature à réduire considérablement leur taux de dissipation d'énergie et, partant, leur puissance économique.

Les questions politiques de territorialité, qui sont directement liées à des préoccupations d'ordre économique, doivent également être prises en compte dans nos considérations. Dans tout écosystème, certains territoires sont occupés par des catégories animales particulièrement bien adaptées aux lieux. Parfois, elles ont à affronter d'autres catégories – ou « strates » – animales qui leur contestent leur mainmise sur certains territoires, en raison des « informations » (en ce incluses les ressources en énergie-matière) dont recèlent les territoires en question. Il en va de même des humains, souvent au prix de conflits armés. Ce seront les « catégories » (envahisseurs ou envahis) les plus aptes à produire, à partir des ressources de l'environnement local (naturelles et humaines), le plus grand volume d'énergie libre puis à en maximiser au mieux la dissipation, qui s'imposeront ; en tout état de cause, il est erroné de prétendre que tel territoire appartient définitivement à tel ou tel peuple : ce sont toujours, en toile de fond, les lois de la thermodynamique qui imposent les processus d'évolution économique et politique. Et ce que l'on appelle la loi du plus fort n'est, en définitive, qu'une application des lois de la thermodynamique.

Incidences en termes d'information (exemples)

Le rôle de l'information en tant que facteur essentiel d'organisation/néguentropie – préalable à la production d'énergie libre dont une partie sera dissipée – intervient dans l'ensemble des situations de la vie quotidienne, même les plus banales. En voici, pour preuve, quelques exemples parlants :

- Les sociétés où les échanges d'information sont entravés (défaut de liberté de pensée et d'expression, processus de communication peu performants, niveau d'échange de connaissances faible, etc.) produisent des taux de néguentropie relativement médiocres (parce que entravés), de sorte que ces sociétés maximisent plus difficilement leur dissipation d'énergie. Il en résulte des conjonctures socio-économiques peu favorables (cf. le lien déjà évoqué entre la prospérité et la maximisation de la dissipation d'énergie). Et, de fait, les pays où les libertés d'expression et de pensée (et de circulation, notamment) sont les mieux respectées sont ordinairement aussi les plus prospères. Le principe de démocratie a entre autres pour objet d'intégrer les individus dans leur milieu social/national de manière à leur assurer un bon échange d'informations avec les autorités gouvernantes et les diverses hiérarchies sociales (facteur de maximisation de dissipation d'énergie).

- Les employeurs sélectionnent ordinairement les candidats en fonction de leur degré de capacité à apporter les informations adéquates aux postes proposés. Les experts jouent un rôle très important en raison de leur aptitude à apporter de l'information innovante et de qualité. Ici, comme en toutes matières d'ordre humain, la sélection naturelle choisit les éléments porteurs de valeurs culturelles et comportementales susceptibles de maximiser la dissipation d'énergie (de l'entreprise employeuse, en l'occurrence). De même, nos gouvernants sont en partie élus en fonction de la qualité des informations qu'ils nous délivrent lors de leurs campagnes électorales ; on attend notamment d'eux des idées innovantes (car plus porteuses d'informations organisatrices/néguentropiques). Ici encore, les élus doivent faire montre de leur capacité à produire et dissiper de l'énergie libre (par eux-mêmes ou en cascade) par voie d'informations à caractère organisateur.
- De même, nous sélectionnons nos amis en fonction du degré néguentropique (selon nos critères individuels) des informations qu'ils sont susceptibles de nous apporter. Car le contenu de ces informations et leur caractère organisateur constituent pour nous des facteurs de maximisation de notre propre dissipation d'énergie. Les informations recherchées en l'espèce peuvent être du type « transfert de connaissances » ou de type affectif, ou encore facteurs d'intégration sociale, en tant

qu'éléments producteurs potentiels de néguentropie/organisation. *A contrario*, nous ne recherchons pas la compagnie de gens qui ne nous apportent aucune information de type néguentropique (souvent des personnes porteuses de valeurs culturelles sensiblement différentes des nôtres et dont nous ne pouvons tirer que très peu de données émergentes dans leur conjonction avec nos *informations acquises*). Enfin, nos ennemis sont ceux qui diffusent des informations (idées et valeurs) opposées aux nôtres et dont le contenu nous semble véritablement désorganisateur (et, partant, contre-productif en termes de dissipation d'énergie). En particulier nous éprouvons de l'antipathie pour les valeurs culturelles qui vont à l'encontre des nôtres et sont susceptibles, à terme, de les entraver (effet fortement désorganisateur à nos yeux).

- Nous aimons que les autres partagent nos vues, dans la mesure où ce partage nous confirme que les informations qui déterminent ces vues possèdent un bon potentiel de dissipation d'énergie (puisqu'elles sont soutenues par ces autres, d'où la possibilité d'effets en cascade). Nos vues peu partagées par autrui sont soit obsolètes ou banales – et vont rencontrer peu d'échos, d'où un faible potentiel en termes de production puis de dissipation d'énergie par manque d'effets en cascade –, soit inédites et dès lors éventuellement innovantes (facteur de production d'informations fortement néguentropiques) avec des effets qui seront alors différés.
- Le sentiment de solitude implique un manque d'apport d'information, en raison du manque d'échanges avec autrui. Il suscite très souvent du mal-être dans la mesure où ce défaut d'information nuit à la production d'organisation/néguentropie et *in fine* à une bonne dissipation d'énergie. C'est sans doute pour cette raison qu'il est souvent conseillé aux personnes qui souffrent

de solitude de se livrer à des activités fortement dissipatrices d'énergie telle une pratique sportive ou un engagement professionnel intense. Pour les isolés que sont les gens emprisonnés, la pire des souffrances est peut-être la difficulté d'externaliser de l'entropie par manque d'information (peu de contacts humains, sites de vie invariables) et manque d'opportunités de se dépenser physiquement d'une manière régulière, etc. Dès lors, le simple fait, par exemple, de changer de cellule peut être momentanément perçu très positivement, les nouveaux locaux étant porteurs d'informations inédites. Les personnes âgées qui fréquentent peu de monde semblent se réjouir du moindre événement, aussi minime soit-il, tant il est important pour eux de grappiller un minimum d'informations, quelles qu'elles soient. Quant à la dépression, on peut imaginer qu'elle correspond, en grande partie, à l'incapacité durable de s'approprier des facteurs d'informations organisatrices.

- Les animaux de compagnie apportent un certain quota d'information (compagnons utiles, on le sait, notamment aux personnes isolées en manque d'informations interactives) ; outre une dépense physique d'énergie, la marche en leur compagnie accroît l'apport d'information par le contact avec l'environnement changeant (d'où l'intérêt parfois ressenti de changer régulièrement de parcours de promenade).
- Le souci d'offrir de bonnes conditions d'éducation à nos enfants consiste à leur donner les moyens d'accéder à un maximum d'informations, à susciter leur curiosité, à les ouvrir à un large éventail de connaissances (apports à caractère néguentropique). Au-delà, l'intérêt de ces acquisitions d'informations tient en ce qu'elles doivent notamment permettre, en principe, d'occuper plus tard des fonctions bonnes dissipatrices d'énergie (et offrant

donc, comme nous l'avons montré, des avantages en termes de revenus et d'accès aux ressources).

- Dans la mesure où, d'une part, l'information – alliée à l'approvisionnement en énergie-matière – est le facteur essentiel de production de néguentropie/organisation et où, d'autre part, les outils technologiques contribuent grandement à maximiser la dissipation d'énergie au niveau global, il est normal – ainsi que nous l'avons déjà mentionné à diverses reprises – que les technologies de l'information (ordinateurs, tablettes numériques, *smartphones…*) connaissent aujourd'hui un essor extraordinaire. À l'heure actuelle (deuxième décennie du XXIe siècle), les livres, les CD et autres DVD sont en train de disparaître du paysage de l'information. Désormais, leurs contenus sont accessibles sur nos ordinateurs et nos *smartphones*, ceux-ci jouant, en particulier pour les générations montantes, des rôles centraux d'outils d'échange d'information. Les utilisations ordinaires du *smartphone*, à savoir la conversation téléphonique parlée et écrite (et visuelle), l'écoute de musique et la photographie, sont d'autant plus complémentaires (sans être simultanées) que chacune, considérée séparément, n'apporte que relativement peu d'informations (informations généralement redondantes et, partant, de faible caractère innovant) et produit donc peu de néguentropie (d'où un faible pouvoir de dissipation d'énergie). Peut-être faut-il y voir la raison de l'utilisation intensive de ce type d'appareil, histoire de maximiser au mieux le potentiel individuel de dissipation d'énergie produit en l'occurrence (une étude demandée par Nokia en 2010 a montré que, sur une journée de 16 heures, les *smartphones* seraient consultés 150 fois par leurs propriétaires, soit toutes les 6 minutes 30 en moyenne – voir à ce sujet l'article « *Nomophobie* » de Wikipédia). Certes, les *smartphones* et les ordinateurs ne constituent pas les seules sources d'information disponibles dans l'environnement, mais ils représentent aujourd'hui, auprès d'une frange importante de la population, la source d'apports et d'échanges la plus prisée.

- La « boîte » où l'on danse toute la nuit est un lieu de forte dissipation d'énergie ; toutefois l'information (type de musique, décors, relation avec le personnel et d'autres clients) y fonctionne en vase clos et doit donc être retravaillée régulièrement sous peine de voir l'établissement se démoder rapidement (ce qui est régulièrement le cas pour ce type de lieu de divertissement), de manière à y réintroduire de l'innovation (facteur néguentropique).
- Lorsqu'un auteur produit un travail (œuvres écrites ou œuvres artistiques, par nature porteuses d'un important volume d'informations), il produit une certaine quantité d'énergie libre en cascade. Le plus souvent, il s'efforce de faire connaître ce travail par l'intermédiaire d'un éditeur ou de la mise à disposition d'un lieu public (salle d'exposition, de conférence ou de spectacle, notamment). Et pour cause : la possibilité de rendre l'œuvre publique multiplie en cascade la dispersion des informations dont elle est porteuse, accroissant ainsi, *in fine*, son potentiel de dissipation d'énergie.
- La recherche de sensations inédites (les sensations sont des formes d'information), tels des effets spéciaux de cinéma, des informations sensationnelles de journaux et magazines, la pratique d'activités sportives dites extrêmes, la découverte des prouesses culinaires des grands restaurants, toutes les formes de plaisir physique et de relations affectives intenses, etc. constituent autant d'apports d'*informations nouvelles* généralement à caractère innovant et, partant, largement « organisatrices ». Les spectateurs dans les stades ou les salles de

cinéma espèrent une multiplication de prouesses ou d'événements palpitants inattendus, ceux-ci étant, de par leur caractère imprévisible, facteurs d'informations fortement néguentropiques, à l'instar des faits et processus innovants. Toutefois, il arrive fréquemment que nous aimions revivre des sensations déjà éprouvées à plusieurs reprises. Sans doute nous apparaissent-elles, plus ou moins inconsciemment, fortement organisatrices/néguentropiques. Mais cette organisation, comme toute forme de néguentropie, se dégrade avec le temps, entropie oblige. Alors il faut aller plus vite dans la descente en ski, courir plus longtemps et plus vite, prendre de plus en plus de risques en VTT, changer régulièrement de voiture, etc. En un mot, il faut sans cesse innover pour relancer l'information accessible, histoire d'accroître encore plus et mieux notre dissipation d'énergie.

- Les repas conviviaux sont généralement recherchés et appréciés dans la mesure où ils sont avant tout – outre des lieux d'accès aux ressources alimentaires (énergie-matière) – des lieux d'échange d'informations (et, partant, producteurs d'émergences, la conversation constituant – d'une manière éphémère – une structure auto-organisée) et d'intégration sociale, tous facteurs de néguentropie. Comme nous l'avons mentionné plus haut, il est vraisemblable que notre tendance à faire prévaloir nos idées en cours de discussion a pour objet de nous permettre de maximiser notre propre dissipation d'énergie par voie d'effets en cascade (nous aimons, bien souvent, que plusieurs interlocuteurs nous écoutent simultanément).
- L'infidélité ou la multiplication des partenaires correspondent vraisemblablement à une recherche de variété d'informations.

- Les hommes politiques sont souvent décriés, étant implicitement supposés, en tant que gestionnaires du fonctionnement de l'État, assumer la responsabilité d'une part importante de la production d'énergie libre du peuple dans son ensemble et *in fine* de sa dissipation globale d'énergie. Lorsque leur gestion ne se traduit pas par une bonne dissipation de l'énergie au plan individuel (le chômage, par exemple, ainsi que la réduction du pouvoir d'achat ou l'augmentation des impôts, sont des facteurs importants de diminution de richesse et, partant, de dissipation individuelle d'énergie), la faute incombe automatiquement, dans le consensus populaire, aux dirigeants politiques. Il semble que les citoyens soient généralement mal informés du fonctionnement de la gouvernance de leur pays (et de la communauté des États dont fait partie leur pays, telle l'Union européenne) et du champ d'application de ce fonctionnement. Ce défaut d'information nuit très probablement à la solidarité des citoyens avec leurs dirigeants, de sorte que l'organisation néguentropique du pays et, partant, la dissipation d'énergie en cascade en son sein, en ressortent sensiblement entravées.

Incidences diverses

- En lien avec le dernier point du paragraphe précédent, on peut avancer que le nationalisme et le chauvinisme ont pour objet d'assurer le sentiment d'appartenance au pays, grâce auquel les citoyens peuvent, dans certaines situations, se comporter d'une manière unifiée fortement organisatrice (d'où, *in fine*, une bonne maximisation de dissipation d'énergie). C'est ainsi qu'en temps de guerre, par exemple, le sentiment national joue un rôle extrêmement déterminant en faveur du maintien de l'organisation/néguentropie du pays : il s'agit de préserver le niveau des ressources de l'État et de sa population, ainsi que les « valeurs » grâce auxquelles le pays maintient son organisation/néguentropie (le pays assaillant voulant ordinairement s'approprier une part des ressources économico-énergétiques du pays assailli ou encore le contraindre à faire siennes les valeurs de diverses natures qu'il entend favoriser, à dessein de maintenir ou améliorer sa propre organisation/néguentropie). Le chauvinisme qui fait acclamer nos grands champions participe également d'une philosophie d'appartenance nationale à vocation organisatrice.

- On peut se demander si l'accroissement démographique mondial sans précédent n'est pas lié à l'accélération continue de la dissipation d'énergie à laquelle est soumise notre planète en tant qu'élément de l'Univers. Car on peut sans doute considérer *a priori* que plus il y a d'individus sur Terre, plus il y a globalement de dissipation d'énergie.
- Si, pour quelque raison que ce soit, un individu se comporte de manière à limiter sa dissipation d'énergie, il risque de se voir, tôt ou tard, mis à l'écart (conséquence indirecte de la sélection naturelle) ; ceci se vérifie dans de nombreux cas où des individus sont en compétition avec d'autres, que ce soit sur le plan professionnel ou sur le plan sportif. Le meilleur marathonien sera celui qui sera capable d'optimiser au mieux sa dissipation d'énergie. Le coach sportif ou professionnel a essentiellement pour tâche de fournir les informations les plus organisatrices en termes de production optimale d'énergie mécanique transformable en dissipation d'énergie maximisée.
- Notre souci de demeurer en bon état de santé s'explique en grande partie par le fait que cet état favorise notre capacité à produire de l'énergie libre (et donc à maximiser notre dissipation d'énergie).

- Le but des participants à des manifestations publiques consiste à attirer l'attention sur le caractère désorganisateur d'un certain nombre de phénomènes ; leurs opposants estiment, au contraire, que les phénomènes contestés sont organisateurs (ou, du moins, qu'ils ne sont pas désorganisateurs). Le problème fondamental est la difficulté pour les uns ou la facilité pour les autres de produire de l'énergie puis de la dissiper avantageusement à partir des informations dont sont porteurs les phénomènes considérés.

Il est un fait que, consciemment ou non, nous sommes sans relâche en quête d'informations. Non seulement dans nos moments d'activité physique (et mentale), mais aussi dans nos instants d'inactivité éveillée : on observe les objets ou les gens autour de nous, on perçoit de façon sensorielle une foule de données, on farfouille dans nos « *informations acquises* », etc. Il en ressort toujours l'une ou l'autre émergence de nature à produire un minimum de néguentropie. Sinon, on s'ennuie ou on déprime, situations représentatives d'incapacités momentanées à produire de l'énergie libre. Dans un schéma déterministe, il serait très difficile de considérer que cette ouverture constante à l'information ne soit pas fonctionnelle. On a du reste pu montrer qu'en cas de rupture d'information, toute structure animée basculait ordinairement dans un état de désorganisation.

Dissipation sur le plan social

Comme il l'a déjà été mentionné au chapitre III, les structures sociales constituent des sous-écosystèmes (à savoir des éléments constitutifs, au même titre que les sociétés animales, de l'écosystème global). Revenons à la définition des écosystèmes. Selon S. Frontier (1999, p. 3) :

> « L'habitat d'une espèce comprend un environnement physico-chimique (« milieu ambiant » ou « biotope ») favorable à sa survie et à sa reproduction, et un environnement biologique, fait de nombreuses espèces peuplant en même temps ce milieu [...]. (L'écosystème tient) à des systèmes d'actions réciproques reliant entre elles les différentes catégories biologiques en présence, et celles-ci au milieu physique. Ces écosystèmes sont organisés pour persister, évoluer et s'adapter [...]. »

En tant que structures écosystémiques, les sous-écosystèmes sociaux sont également composés d'espèces, à savoir les strates sociales (« sous-sous-écosystèmes sociaux ») ou, sur un autre plan, les métiers. En l'occurrence, les strates sont des espèces (socio)-culturelles et non, bien entendu, des espèces biologiques. Elles entretiennent également « des systèmes d'actions réciproques ».

Ces strates sont chacune l'objet de « valeurs » culturelles propres (et/ou de niveau économique particulier), valeurs qui les différencient. Ces valeurs sont sélectionnées, pour chaque strate, sur la base de leur capacité à traiter et à fournir de l'information aboutissant, via leur transformation en énergie libre, à une maximisation adéquate de dissipation d'énergie. Les strates sociales sont hiérarchisées entre elles en fonction des types d'informations qui circulent au sein de chacune d'elles ou, autrement dit, en fonction du taux de dissipation d'énergie qu'elles sont séparément à même de produire (à partir de ces informations).

Les strates dites supérieures (celles qui dominent d'une manière ou d'une autre le sous-écosystème social et sont ordinairement les mieux favorisées économiquement) sont celles qui dissipent le plus d'énergie (ce constat s'aligne notamment sur le lien entre le taux de dissipation d'énergie et l'essor économique évoqué au chapitre I). Les informations véhiculées dans les strates dominantes sont ordinairement plus variées, plus complexes et plus innovantes et, partant, plus adaptées – parce que davantage productrices potentielles de néguentropie – aux évolutions du milieu environnant que celles véhiculées dans les strates moins élevées dans la hiérarchie. Elles participent souvent d'un bagage de connaissances plus fourni (toutefois, il existe des individus peu « cultivés » mais néanmoins économiquement favorisés, dans la mesure où ils s'avèrent capables d'accumuler *ad hoc* des types d'informations spécifiques hautement productrices d'énergie à dissiper, par eux-mêmes ou en cascade).

Il est évident que les « valeurs » culturelles sélectionnées diffèrent fortement d'une strate à l'autre (les attracteurs étant, par exemple, pour les uns les journaux de type « people » et pour d'autres ceux de type *Le Monde*), valeurs très peu perméables les unes par rapport aux autres. Et de fait, les strates sont fortement cloisonnées entre elles. Elles fonctionnent à la manière de structures spécifiques auto-organisées (autopoïétiques selon le sociologue N. Luhmann) productrices, en tant que telles, d'émergences internes, c'est-à-dire d'innovations diverses qui leur permettent de maintenir durablement leur propre organisation néguentropique interne. Ces émergences innovatrices peuvent aboutir à l'introduction ou à la transformation progressive de codes de comportement ou de valeurs plus adaptés à certaines évolutions de l'environnement. Les strates les moins capables d'innover, c'est-à-dire de se fournir en nouveaux types d'informations, risquent de se voir, tôt ou tard, progressivement mises sur la touche par la sélection naturelle (celle-ci s'appliquant, comme nous l'avons vu, notamment aux cultures et aux comportements via l'information). C'est ainsi que, dans les strates hiérarchiquement peu élevées – c'est-à-dire faiblement productrices de dissipation d'énergie – disparaissent des métiers désormais inadaptés à l'évolution de l'environnement socioprofessionnel (secrétaires, cordonniers, rémouleurs, etc.). C'est aussi au sein de ces strates que l'on trouve le plus d'individus en difficulté de trouver du travail (expression, également, de la sélection naturelle).

Chaque strate est un lieu de réseaux d'informations producteurs de facteurs spécifiques d'organisation/néguentropie (en tant que sous-écosystème, une strate est assimilable à une structure dissipative, à savoir une structure auto-organisée), eux-mêmes producteurs d'énergie libre spécifique. La strate sociale détermine, pour l'individu qui en fait partie, une part importante de ce que l'on a appelé *informations acquises* et est génératrice de bon nombre d'*informations nouvelles*. On le sait, les *informations nouvelles* sont nécessaires à la production de néguentropie, les informations redondantes étant à la longue des facteurs conduisant à l'état d'équilibre (au sens thermodynamique : l'état d'entropie maximale). D'où l'utilité de se tenir au courant de l'évolution des valeurs (et des codes) propres aux strates auxquelles nous appartenons (les *informations nouvelles* résultent, ainsi que nous l'avons déjà noté, d'émergences propres aux échanges d'informations au sein de la structure auto-organisée, en l'occurrence la strate), mais aussi, quand cela s'avère possible, à celles auxquelles nous n'appartenons pas. En raison de la plus grande variété, du plus grand nombre et de la plus grande complexité des informations captées et échangées (contenus plus élaborés et innovateurs) dans les strates de niveau de connaissances supérieures, il semble bien que les émergences y soient plus fréquentes et qu'elles contribuent par conséquent à renouveler plus abondamment l'organisation néguentropique interne propre à la production d'énergie libre, de telle sorte que la dissipation d'énergie s'en trouve plus efficacement maximisée. C'est pour éviter de manquer d'informations innovantes et relancer la production de néguentropie si celle-ci faiblit, que les strates s'« inventent » régulièrement, par voie d'émergences, de nouveaux codes comportementaux, éthiques ou encore esthétiques (notamment via les effets de modes).

F. Roddier souligne, d'une part, que « le degré d'altruisme entre êtres humains n'est plus essentiellement déterminé par la proportion de gènes communs, mais par la proportion de culture commune » (2012, p. 105) et, d'autre part, que « les insectes qui ont des gènes communs développent un comportement altruiste. Il en va de même des individus qui ont une culture commune » (*ibid.*, p. 116). Ces propos expliquent également les motifs d'appartenance à des strates plus ou moins bien définies par des critères culturels communs (prodiguant des types d'informations communes). L'appartenance culturelle commune, lieu de solidarité, peut sans doute aussi justifier l'esprit d'équipe, les nationalismes et les élans patriotiques.

Évoluer vers des strates « supérieures » (plus fortement dissipatrices d'énergie), implique une aptitude des individus à s'adapter à des types d'informations différentes de celles auxquelles les ont accoutumés leurs strates initiales. Cette adaptation est généralement difficile à mener à bien, tant il est malaisé, à tous les niveaux des espèces vivantes, d'intégrer les milieux d'une autre espèce (biologique pour les animaux, culturelle pour les humains). Le maintien de strates sociales différenciées (ou de « classes » sociales) semble difficilement évitable dans la mesure où tout écosystème (en l'occurrence le sous-écosystème social dans sa globalité) est fait – pour paraphraser la définition de S. Frontier déjà reproduite plus haut – « de nombreuses espèces (en l'occurrence les strates) peuplant en même temps ce milieu », l'écosystème tenant « à des systèmes d'actions réciproques reliant entre elles différentes catégories biologiques (en l'occurrence les catégories socioculturelles : les strates) en présence, et celles-ci au milieu physique. Ces écosystèmes (en l'occurrence le sous-écosystème social) sont organisés pour persister, évoluer et s'adapter ».

Le sous-écosystème social est donc lui-même constitué de sous-systèmes telles les strates, qui elles-mêmes sont composées de métiers et d'unités sociales plus petites, elles-mêmes composées d'individus. Cette hiérarchie s'assimile à une structure fractale. Comme l'écrit E. Angelier (2008, p. 156 et suivantes) :

> « Il existe, à l'évidence, une occupation fractale de l'espace par les écosystèmes : elle permet une surface d'échanges optimale des biomasses des différentes espèces avec le milieu » [...] « dans tous les cas, la fractalité est associée à la fois à des structures et à des fonctions. En s'exprimant aux interfaces entre niveaux différents et autonomes, elle les intègre dans une organisation hiérarchique ». (Les fractales) « apparaissent comme un outil permettant de comprendre les rapports [...] entre niveaux différents d'organisation, et de les intégrer dans un modèle cohérent. »

Ces propos semblent *a priori* applicables au système social, à ses hiérarchisations et aux relations par « *interfaces* » entre les divers « *niveaux autonomes* » qui le composent et en font un « *modèle cohérent* ».

Le milieu social global (qui intègre l'ensemble des strates) a mis au point des règles politiques, juridiques et morales ou socialement convenues d'une manière coutumière, de sorte que ledit milieu social global, en tant que sous-écosystème, maintienne un état homéostatique (cf. dans la citation ci-dessus la notion de « *modèle cohérent* » lié à la fractalité du système social) le plus favorable possible à une bonne dissipation globale d'énergie. Il s'agit de règles d'harmonisation qui visent – sans toujours y parvenir – à fournir des conditions qui permettent à tout un chacun de produire un taux suffisant de dissipation d'énergie (d'où notamment les efforts politiques de réduction du chômage). En l'absence de ces règles, le groupe social aurait affaire à des situations conflictuelles potentiellement nuisibles à sa maximisation globale de dissipation d'énergie. Cependant, l'harmonisation des capacités individuelles de maximisation de dissipation d'énergie se réalise très difficilement en raison de l'inégalité des quantités et des qualités des informations reçues (ou perçues) par les individus. De fait, la forte mainmise de gros dissipateurs d'énergie en nombre limité sur l'ensemble de la dissipation d'un groupe social déterminé réduit les possibilités de dissipation maximisée d'une certaine frange de ce groupe. D'où des possibilités de conflits ou de précarité accrue. Cette situation de mainmise a cependant existé de tout temps et elle explique en grande partie pourquoi une certaine frange des gros dissipateurs, généralement les gens qui jouissent des meilleures situations financières, est fortement décriée par les moins nantis. Les banquiers, les hommes politiques et les chefs d'entreprise sont, en particulier, les cibles des moins nantis dès lors qu'ils sont considérés comme s'enrichissant au détriment de ces derniers (c'est-à-dire comme étant en situation de maximiser davantage leur dissipation individuelle d'énergie). En revanche, l'enrichissement des stars du sport ou du monde du spectacle est peu critiqué, dans la mesure où il n'est pas ressenti – partiellement à tort – par les moins nantis comme une privation de leur propre accès aux ressources financières.

Enveloppes corporelles et survie

À l'instar des gènes qui assurent leur pérennité en se constituant en corps (corps individuels humains, animaux ou plantes, cf. chapitre III), les hommes assurent leur survie sur le long terme en se constituant en corps sociaux. Car c'est au sein des « enveloppes corporelles » que sont les groupes sociaux, que les hommes accèdent à l'essentiel des informations organisatrices/néguentropiques qui leur permettent de produire de l'énergie dont la dissipation pourra être aussi maximisée que possible. On peut en dire de même des gènes – et des informations organisatrices qui circulent entre eux – au sein de leurs enveloppes corporelles. Au-delà, l'écosystème global (la Terre) joue ce même rôle d'enveloppe à l'égard des groupes sociaux (en ce inclus, au sens large, les États ou les communautés d'États et autres organisations internationales), rôle de corps au sein duquel opère un vaste ensemble de réseaux d'informations qui permettent au groupe humain de se maintenir durablement éloigné de l'état d'équilibre ou du moins qui y contribuent. Gènes, cellules, hommes, strates, sous-écosystèmes sociaux, écosystème global sont tous des structures dissipatives, et en tant que telles, produites, maintenues en vie et gérées via l'information (aux sens générique et restreint).

Les groupes sociaux réalisent ou maintiennent leur homéostasie (état organisé plus ou moins durable) par des moyens de perpétuation d'ordre économique (l'accès aux ressources énergétiques et matérielles), mais aussi d'ordre culturel (l'accès aux ressources en informations, au sens de ce que nous avons appelé l'« information restreinte » – cf. chapitre II).

Facteurs d'ordre culturel

Les critères éthiques et esthétiques qui ont cours dans la société sont également concernés par la loi MaxEP, dès lors que les phénomènes culturels font l'objet de la sélection naturelle et que celle-ci est liée à l'application de cette loi, comme nous l'avons vu au chapitre IV. Les valeurs sélectionnées sont celles qui favorisent au mieux l'organisation/production de néguentropie selon les caractéristiques du groupe socioculturel à une époque donnée. C'est ainsi que – comme nous l'avons souligné par ailleurs – les informations à caractère néguentropique des jeunes générations d'aujourd'hui correspondent à des codes largement différents de ceux qui ont cours dans les générations plus anciennes. L'important est que les valeurs culturelles (esthétiques, éthiques ou autres) inscrites dans ces informations jouent, à chaque niveau générationnel, le rôle organisateur attendu, avec pour effet, *in fine*, d'assurer une bonne maximisation de dissipation d'énergie (nous y reviendrons au chapitre VIII).

Chapitre VII

Mutations technologiques

« Le cerveau humain est un ordinateur obsolète qui a besoin d'un processeur plus rapide et d'une mémoire plus étendue. »

(Larry Page, cofondateur de Google)

Technologies dissipatives

Pour répondre à l'accélération constante de la dissipation d'énergie impliquée par les principes de la thermodynamique complétés par la loi MaxEP, l'homme est amené à devoir produire toujours plus d'énergie libre. Comme nous l'avons vu, cet impératif s'impose d'autant plus que la sélection naturelle favorise les structures qui, au sein de chaque espèce, maximisent au mieux leur dissipation d'énergie.

Dans ce contexte, l'homme a mis au point, au fil du temps, des outils de production d'énergie libre de plus en plus sophistiqués. Les produits de haute technologie d'aujourd'hui font partie de ces outils et continueront à être de plus en plus perfectionnés afin d'assurer une dissipation d'énergie toujours accrue.

L'homme est une structure dissipative dont la fonction essentielle est de participer à la dissipation d'énergie de son écosystème. Comme nous l'avons déjà souligné en nous référant à des propos d'H. Atlan, les outils sont des productions que cet écosystème (la nature) réalise par le biais de l'homme. Si un jour les outils que sont les robots évoluent de telle sorte qu'ils réalisent à eux seuls une part de maximisation de dissipation d'énergie supérieure à celle produite jusqu'alors par les humains au service du maintien homéostatique de l'écosystème, la sélection naturelle pourrait progressivement éliminer l'humanité (en l'occurrence, cette supériorité prévisible des robots tient pour une bonne part à leur capacité à emmagasiner beaucoup plus d'informations que les humains). Selon R. Dawkins (dont il a été question plus haut dans cet ouvrage), les progrès technologiques, tant majeurs que mineurs, peuvent être considérés comme étant analogues à des mutations (de l'homme) : on peut concevoir que les robots soient, d'ores et déjà, l'expression d'une forte mutation de l'espèce humaine.

Déjà des humains de plus en plus nombreux sont corporellement équipés d'éléments technologiques tels des cœurs ou des reins artificiels, des pacemakers ou encore de *stents* (endoprothèses artérielles destinées à maintenir ouvertes les artères) et, plus banalement, d'implants mammaires ou dentaires. De nombreux articles et ouvrages soulignent que les nanotechnologies vont permettre (par l'intégration dans nos corps de « puces » performantes de type nanorobots) de maintenir durablement nos organismes éloignés de maladies et de dégradations physiologiques diverses. De telles puces, introduites dans nos cerveaux, pourront aussi accroître les capacités de nos neurones.

J. Attali (2015, p. 168), entre autres, résume correctement cette évolution en quelques mots :

> « Le projet de l'hypermodernité est de généraliser l'accès à tous les objets et services [...] connectés entre eux, nomades puis intégrés au corps de l'homme. Un humain sera d'autant plus moderne qu'il sera équipé de prothèses. »

Cette évolution consacre le principe du *transhumanisme* (voir plus loin). Au moment de la rédaction du présent ouvrage (2017-2018), ces attentes sont d'ores et déjà considérées comme des certitudes, et le champ de développement de tels équipements n'a de cesse d'embrasser de nouvelles perspectives.

Parallèlement, les progrès fulgurants en matière d'intelligence artificielle permettent d'envisager une utilisation des robots dans un nombre croissant de tâches sophistiquées. Il serait vain de traiter ici de l'évolution, à terme, de l'intelligence artificielle et des perspectives d'emploi qui pourront en être tirées tant tout, dans ce domaine, évolue avec une rapidité inouïe : nos propos s'avéreraient promptement désuets.

En relation avec nos considérations liées aux écosystèmes (cf. chapitre II), on pourrait concevoir que la dégradation actuelle de l'environnement constitue un phénomène entrant dans le jeu auto-organisateur de la planète. Nous pourrions éventuellement en subir des conséquences radicales : à l'extrême, disparition de l'espèce humaine à l'instar des disparitions d'autres espèces, disparitions dont il n'est cependant pas interdit de penser qu'elles ont été utiles, en leur temps, à l'autorégulation homéostatique de l'écosystème global. Au bout du compte, il se pourrait bien que les robots remplacent alors progressivement l'espèce humaine, dans la mesure où ils se révéleraient mieux adaptés que les humains à l'évolution de l'environnement (par exemple, au cas où la dégradation écologique en cours serait durablement irrésoluble mais sans effet destructeur à leur égard). Mais il faudra alors qu'ils soient en mesure de se multiplier sans intervention humaine. Petite parenthèse à ce propos : à l'instar de J. Lovelock (*op. cit.*), nous considérons que les problèmes écologiques ne se résoudront jamais par des comportements de « retour en arrière » vers des temps meilleurs en termes de pollution, mais plutôt par des apports technologiques. Étant donné que le taux global de dissipation d'énergie ne se réduira pas, la planète et ses habitants rencontreront toujours des difficultés à limiter concrètement les transformations (que l'on appelle ordinairement « dégradations ») du milieu naturel impliquées par la production continue d'énergie libre préalable à cette dissipation. Mais si les progrès de la technologie permettent d'envisager l'introduction de micro-éléments dans le corps humain à des fins thérapeutiques et d'allongement de la vie, il peut se concevoir que ces micro-éléments puissent également servir à parer un bon nombre d'incidences de la dégradation de l'environnement sur la santé. Dans le même temps, on peut s'attendre à ce que les avancées technologiques aboutissent progressivement à réduire (mais sans les supprimer) les effets de cette dégradation (cf. notamment le principe de « La ville intelligente » – en anglais *Smart City*).

La « culture jeune »

La « culture jeune » évolue vers une mutation principalement, sinon essentiellement, numérique. L'« intelligence » s'est déplacée vers d'autres pôles de valeurs représentatives, vers une uniformisation sensiblement éloignée des critères de référence des générations précédentes. La disparition progressive de la lecture de livres – déjà évoquée au chapitre VI – fait partie de l'évolution culturelle vers cette « technologisation » et cette robotisation en marche. Cette disparition (entre autres mutations intellectuelles) se produit dès lors que les types d'informations de la culture antérieure semblent avoir perdu leur qualité organisatrice. Les jeunes générations trouvent dans les films et les séries qu'ils visionnent régulièrement sur leur ordinateur des scénarios qui remplacent, en termes d'informations à caractère néguentropique, ceux qu'ils trouveraient dans les livres ordinaires, mais sur des supports beaucoup plus en accord avec leur « culture technologique ».

Le bagage culturel des anciens (du moins des plus érudits) a longtemps mis la primauté sur un large ensemble de connaissances utiles à l'appréhension des subtilités de la pensée intellectuelle. Sans doute ce bagage était-il un excellent outil d'information au service d'une bonne maximisation de dissipation d'énergie. Aujourd'hui, le rôle qu'il joue dans ce contexte a perdu une bonne part de son efficacité, dans un environnement où les outils d'information favorisant une dissipation d'énergie optimale s'inscrivent dans de nouvelles approches en lien direct avec l'évolution technologique. La « pensée intellectuelle » ne se meurt pas pour autant, mais elle a désormais perdu, auprès des jeunes (même dans les milieux les plus favorisés), une bonne part de son ancienne image de magnificence. Il est vrai que, à la longue, les valeurs culturelles – dont les valeurs intellectuelles – finissent par devenir peu porteuses d'information à caractère néguentropique, étant fortement redondantes (redondance liée à leur longévité). D'où l'évolution constante des modes et des codes. Car la transformation constante du monde, imposée à la base par le jeu permanent de l'entropie croissante, est d'une telle complexité et d'une telle puissance désorganisatrice que l'on ne saurait éternellement maintenir Berlioz, Bergson et autres Foucault au sommet des références culturelles types. Cela étant, cette transformation entropique continue de notre monde ne manquera évidemment pas, par la suite, de rendre également obsolètes les *valeurs* qui ont aujourd'hui droit de cité. D'autre part, il est clair que la jeune génération n'est pas plus homogène que les précédentes – elle se compose également de strates différenciées – et, partant, que tous les individus qui la constituent ne sont pas producteurs de néguentropie de même volume, de même type et de même efficacité. (On notera en passant que notre propos n'est pas de nous plaindre ou de nous féliciter des nouvelles orientations de notre culture et n'a nullement pour objet de mépriser radicalement les fleurons classiques de ladite culture).

Une révolution radicale

Le développement des technologies de l'information se situe à l'origine d'une véritable révolution (la révolution numérique) au niveau de l'humanité tout entière. Cette évolution radicale dans l'accès à l'information peut une fois de plus s'expliquer par le rôle primordial que celle-ci joue en tant que facteur de néguentropie favorable à une production d'énergie dont la part de dissipation pourra être maximisée à des taux sans cesse plus élevés. Des statistiques anciennes indiquaient que nous avons produit en 2010 autant d'informations (par sms, mails, gsm, etc.) qu'*entre le début de la culture humaine et 2003*, à savoir une production, tous les deux jours, d'environ 5 exaoctets d'informations (G. Babinet, 2014, p. 91). Il est certain que ces chiffres ont encore largement évolué depuis lors. (Le terme information s'entend ici au sens de notre « définition restreinte » – cf. chapitre I). La « culture jeune » constitue, dans les faits, une expression préliminaire de la mutation culturelle en cours (on peut parler de mutation civilisationnelle), qui s'exprime, dans un premier temps, dans l'emprise grandissante des technologies sur la vie de tous les jours ; rétroactivement, les incidences de celles-ci sur le comportement humain dans son ensemble ne manqueront pas de bouleverser de fond en comble nos valeurs de tous ordres.

Les robots dissipateurs

Nombreux sont aujourd'hui ceux qui craignent que, à terme, les robots supplantent les humains et provoquent leur disparition, comme l'avait souligné S. Hawking à plusieurs reprises et notamment lors d'un entretien à la BBC en 2015 :

« Les formes primitives d'intelligence artificielle que nous avons déjà se sont montrées très utiles. Mais je pense que le développement d'une intelligence artificielle complète pourrait mettre fin à la race humaine » ; « Une fois que les hommes auraient développé l'intelligence artificielle, celle-ci décollerait seule, et se redéfinirait de plus en plus vite » ; « Les humains, limités par une lente évolution biologique, ne pourraient pas rivaliser et seraient dépassés. »

Ce que S. Hawking a appelé « *une lente évolution biologique* » limitant les humains peut, selon notre approche, se traduire par une progression dans la capacité de dissipation d'énergie insuffisamment rapide par rapport à la croissance continue de la dissipation énergétique (ou, autrement dit, la croissance continue de production d'entropie) de l'écosystème global. Et lorsqu'il prédit que l'« *intelligence artificielle [...] se redéfinirait de plus en plus vite* », il établit – vraisemblablement sans s'en rendre compte ? – un parallèle avec les impératifs de dissipation d'énergie de plus en plus rapides.

Les hommes aboutiront sans doute un jour à créer des robots capables, ensuite, de se multiplier sans leur intervention, des robots pourvus, par exemple, de programmes leur fournissant une capacité d'auto-organisation indépendante (capacité supposant celle d'autoproduire des émergences). Du fait qu'ils doivent, pour être opérationnels, échanger de l'énergie et de l'information avec leur milieu, les robots sont d'authentiques structures dissipatives (d'où leur possible capacité d'auto-organisation). Comme les humains, ils fonctionnent sur la base de l'interaction causale d'*informations acquises* (programmation enregistrée) et d'*informations nouvelles* (introduction d'éléments de nouveaux programmes).

En principe, tant que les robots nécessiteront une intervention humaine pour leur conception et leur fabrication, la sélection naturelle n'éliminera pas les humains. Mais au cas où les robots, en tant que structures dissipatives auto-organisées, acquerraient la capacité de concevoir et de fabriquer par eux-mêmes des autres robots et, qui plus est, des robots de plus en plus performants, notamment en termes de dissipation d'énergie, on peut imaginer que la sélection naturelle mettrait tôt ou tard les humains sur la touche. Mais rien n'empêche non plus de penser que les deux « espèces » continuent à vivre durablement côte à côte, complétant conjointement leurs capacités de dissipation d'énergie.

Si, au bout du compte, les robots, désormais capables d'autonomie sans intervention humaine, devenaient les producteurs de dissipation d'énergie les plus performants, il faudrait alors que, à leur tour, ils soient, à moyen ou long terme, en mesure de capter et de produire de l'information, principalement innovante, pour continuer à assurer un rythme croissant de dissipation universelle. Sinon, ils pourraient à leur tour disparaître, éliminés par une génération d'outils d'un autre type qu'ils auraient eux-mêmes créés pour assurer cette dissipation toujours accrue. (Toutefois, l'augmentation du taux de dissipation d'énergie peut, à certaines périodes, se produire par paliers ainsi que nous le verrons à la fin de ce chapitre).

Dans un même ordre d'idées, on peut imaginer que l'effondrement des civilisations antérieures à la nôtre (Empire romain, Empire ottoman, etc.) a relevé d'une incapacité à produire suffisamment d'énergie libre par rapport à la progression du taux d'entropie d'alors, incapacité liée à la lenteur d'innovation de leurs informations et de leurs outils.

Cela dit, l'écosystème global pourrait s'auto-organiser de manière à suppléer le défaut de dissipation d'énergie des humains puis éventuellement des robots sans pour autant provoquer leurs disparitions respectives : il « suffirait » que la dissipation produite par ces derniers soit complétée par celle d'autres formes de structures ou de processus capables de hauts taux de dissipation d'énergie (qui ne soient pas nécessairement des organismes vivants, tels, par exemple, des phénomènes atmosphériques ou telluriques).

L'objection répandue selon laquelle les robots ne pourront jamais remplacer l'homme, dans la mesure où ils ne pourront jamais acquérir son niveau d'intelligence, a peu de sens. Car, au bout du compte et suivant l'approche d'ensemble envisagée ici, on peut concevoir que *l'intelligence se définira de plus en plus comme la capacité à traiter de gros volumes d'information permettant de maximiser au mieux de la dissipation d'énergie.* Ce qui semble devoir être, dans l'avenir, davantage l'apanage des robots que des humains.

En tout état de cause, il n'est pas interdit d'affirmer que l'évolution technologique est déjà, en soi, un moyen que l'écosystème a trouvé pour maintenir, à terme, son état homéostatique, état qui demeure, jusqu'à nouvel ordre, indispensable à l'espèce humaine.

Évolution politico-économique, informatique et robotisation

Comme le soulignent divers livres et articles, les pouvoirs politique et économique tendent à se déplacer de plus en plus des gouvernements élus vers les grands leaders des technologies de l'information que sont (au moment où est écrit ce livre) les GAFAM (Google, Apple, Facebook, Amazon, Microsoft) du côté occidental et les BAT (Baidu, Alibaba, Tencent) et aussi Xiaomi du côté chinois. D'autres structures du même acabit sont en formation.

Le suivi des activités, des besoins et de l'évolution des valeurs (morales, philosophiques, politiques et autres) des individus ou groupes d'individus via l'analyse de leurs propos sur les réseaux sociaux, ainsi que le suivi de leurs transactions en ligne et de leurs centres d'intérêt en général sont appelés à jouer un rôle non négligeable dans la gestion et l'orientation des tâches ordinairement dévolues à nos ministères traditionnels, tels ceux de l'Économie, de l'Intérieur, du Commerce, de la Santé ou encore de la Justice. La traçabilité des comportements en toutes matières semble relativement facile à effectuer pour les maîtres de l'informatique.

Dans la mesure où l'informatique et la robotique sont appelées à jouer un rôle accru dans la gouvernance des États, l'algorithmique se trouve convoquée dans le débat. Comme le mentionne D. Cardon dans *À quoi rêvent les algorithmes* (2015, p. 9, 10, 11 et 12) :

> « Les instruments statistiques sont devenus une technique de gouvernement. L'évaluation des politiques publiques en fonction d'objectifs chiffrés s'est généralisée » ; « à très grande vitesse, un nombre croissant de domaines – la culture, le savoir, l'information, mais aussi la santé, la ville, les transports, le travail, la finance et même l'amour et le sexe – sont désormais outillés par des algorithmes. Ils [...] automatisent des processus que nous avions l'habitude de contrôler nous-mêmes. »

Toutefois, D. Cardon souligne « l'incapacité des automates "intelligents" à interpréter l'infinie variété des situations » (*ibid.*, p. 59) et l'imperfection voire la « stupidité » (*sic*) de certains résultats statistiques donnés par les algorithmes. La gestion intégrale de toute gouvernance par des outils numériques fondés sur des algorithmes souffre donc de nombreuses lacunes, dont une capacité de prévision très approximative, même si, selon D. Cardon, « les plus scientistes imaginent un monde enfin rationnel, débarrassé de l'encombrante subjectivité de ceux qui le gouvernent » (*ibid.*, p. 90). Et de conclure : « Plutôt que dramatiser le conflit entre les humains et les machines, il est bien plus judicieux de les considérer comme un couple qui ne cesse de rétroagir et de s'influencer mutuellement. » (*Ibid.*, p. 103)

L'évolution technologique chambardant un très grand nombre de valeurs culturelles et de repères comportementaux, il n'est sans doute pas surprenant que notre système politique (entre autres systèmes établis de longue date et prédominants dans la vie sociale) soit effectivement remis en question et potentiellement en voie de désagrégation, du moins sous ses formes actuelles. Selon un sondage publié le 16/10/2014 dans *Le Monde* en ligne, 62 % des Français interrogés considéraient que les partis politiques n'étaient « plutôt pas utiles », 82 % qu'ils n'étaient pas « adaptés à la situation actuelle du pays » et 85 % qu'ils n'étaient pas « proches des réalités quotidiennes des Français ». Le chambardement politique issu des élections de 2017 s'inscrit sans doute dans la ligne de ces opinions.

La difficulté du système politique à perdurer selon ses formes de gestion actuelles est, selon nous, liée à son incapacité à proposer à suffisance des moyens d'organisation néguentropique durables, incapacité reflétée en premier lieu dans sa difficulté à innover dans le contexte évolutif d'aujourd'hui. Les structures leaders dans les domaines de la haute technologie (GAFAM, BAT…) sont désormais plus à même de produire des outils favorisant l'innovation et une meilleure maximisation de la dissipation globale d'énergie, motif pour lequel la sélection naturelle tend à les favoriser en tant que leaders économiques (et, à terme, politiques) au détriment de nos structures dirigeantes traditionnelles (cela dit, ces nouveaux leaders, s'ils sont potentiellement en mesure d'assurer, à terme, des meilleures conditions de croissance économique, ne seront pas, pour autant, producteurs de plein-emploi, loin de là sans doute). Selon M. Dugain et C. Labbé (2016, p. 91-92) « le pari de la Silicon Valley est celui de la gouvernance par les données. (Il s'agit de) s'affranchir du débat politique dans un souci de performance, et remplacer les lois par des règles algorithmiques ». Si M. Dugain et C. Labbé y voient une posture regrettable et dangereuse, nous y décelons, pour notre part, une réflexion logique et cohérente, en parfaite adéquation avec notre approche, d'autant que – comme nous l'avons souligné par ailleurs – le comportement humain semble, par essence, suivre des schémas algorithmiques (voir également plus loin dans ce chapitre le paragraphe « Mutation algorithmique »).

On notera par ailleurs que la richesse des cinq sociétés constitutives des GAFAM a désormais plus de poids que la totalité du CAC 40. Leurs leaders, multimilliardaires, dépensent notamment des sommes colossales en faveur du bien public : M. Zuckerberg (Facebook) a libéré, en 2017 un fonds de trois milliards de dollars pour contribuer à éradiquer les maladies d'ici 2100 ; B. Gates a également créé avec son épouse une fondation alimentée de plusieurs milliards de dollars pour éradiquer des maladies telles la polio et la malaria. D'autre part, E. Musk (fondateur de plusieurs sociétés de haute technologie dans la Silicon Valley), R. Branson (Virgin) et J. Bezos (Amazon) ont, séparément, développé des concepts de fusée réutilisable. Le même E. Musk construit des lanceurs de fusée et met au point l'Hyperloop, projet de train dépassant la vitesse du son. Grâce à leur poids économique et à leur esprit d'initiative, ces grands leaders sont, on le voit, effectivement bel et bien en passe de prendre progressivement en charge un grand nombre de secteurs gérés jusqu'ici par les États.

L'espèce humaine tend, dans son ensemble, à son niveau au sein de l'écosystème global et au moyen de très nombreuses dispositions politiques, géopolitiques, juridiques et autres économiques, à maintenir une maximisation continue de dissipation d'énergie. Mais cette maximisation globale produite par l'espèce s'obtient d'une façon plus ou moins boiteuse dans la mesure où les individus agissent encore séparément et de manière disparate, suivant des mécanismes de régulation peu rationalisés et peu performants. En raison de l'accroissement constant de la dissipation globale d'énergie et de ses implications rétroactives sur le comportement humain, une unification de plus en plus rationalisée des comportements de production d'énergie semble devoir s'imposer. Cette nécessité unificatrice est vraisemblablement cause, pour une part non négligeable, de la mondialisation de l'économie, mais aussi de l'emprise « uniformisatrice » des GAFAM.

> *« Au fur et à mesure que [...] l'autorité sera transmise aux algorithmes, la vision humaniste du monde – fondée sur le choix individuel, la démocratie et le libre marché – deviendra obsolète. À quoi bon une élection démocratique quand les algorithmes savent mieux que vous pour qui voter – d'un point de vue social et neurologique – et pour qui vous allez voter ? »*
> (Y.N. Hariri, à propos de son livre *Homo deus*, dans une interview du magazine *Le Point*, 31/08/2017, p. 51-52)

La singularité

Nous avons évoqué plus haut, très brièvement, le transhumanisme et le posthumanisme, phénomènes en devenir très régulièrement évoqués par nos médias. Pour rappel, le *transhumanisme* est un mouvement qui table sur les biotechnologies pour améliorer les capacités mentales et physiques des humains. Un des nombreux théoriciens du transhumanisme, R. Kurzweil – qui travaille aussi, en 2017, chez Google au développement de l'intelligence artificielle – a été le premier à estimer que les prochaines décennies déboucheraient sur une « singularité technologique », à savoir « une période pendant laquelle le rythme de changement technologique sera tellement rapide, son impact si important, que la vie humaine en sera transformée de façon irréversible » (R. Kurzweil, 2007, p. 29). Il explique que cette singularité constitue le résultat de ce qu'il appelle la « loi du retour accéléré », loi qui affirme « l'accélération *exponentielle* du rythme et de la croissance des produits d'un processus d'évolution » (*ibid.*, p. 56), croissance caractéristique de celle des ordinateurs depuis 1965. La singularité proprement dite se situerait au moment où la courbe de cette croissance atteindrait un point où l'intelligence artificielle dépasserait celle de l'homme (la rapidité de cette croissance s'exprime entre autres dans le doublement tous les dix mois de la puissance des superordinateurs, dans le doublement tous les ans en moyenne de la quantité d'informations circulant sur le réseau internet ou encore dans l'évolution au moins aussi rapide de la consommation d'énergie mondiale).

Suivant les *transhumanistes*, la « loi du retour accéléré » devrait aboutir à donner aux hommes la possibilité d'évoluer de façon quasi illimitée, d'une manière telle qu'elle pourrait leur donner accès à l'immortalité (perspective également largement évoquée par nos médias). Selon nous, cette affirmation est peu plausible, dès lors que l'augmentation de l'entropie à l'égard de toutes choses, et notamment des structures dissipatives que sont les humains, aboutit, en principe, inéluctablement à l'état d'équilibre (la mort pour les structures vivantes – cf. chapitre I). De plus, il y a bien peu de chances que la sélection naturelle maintienne en vie éternelle des individus à évolution limitée sur une période illimitée (à moins, toutefois, que ces immortels soient capables d'accroître continuellement au fil du temps leur capacité à dissiper de l'énergie, perspective douteuse *a priori*).

Quant au *posthumanisme,* il traite du changement radical que provoquerait à terme le rapport humain aux technologies, de sorte que l'humanité telle qu'elle se caractérise aujourd'hui serait appelée à disparaître (un posthumain étant un être transformé par la technologie en autre chose qu'un humain ordinaire).

On le voit, notre propre approche rejoint d'une certaine manière certaines de ces hypothèses en plein développement. *(Les propos consacrés ici au transhumanisme, à la singularité technologique et au posthumanisme sont en partie fondés sur les articles Wikipédia relatifs aux mêmes sujets ; il est également fait référence, à propos du retour accéléré, à un article du site www.Atlantico.fr, juin 2015).*

Remarques à propos du « retour accéléré », de la singularité et de la loi MaxEP

Il est surprenant que R. Kurzweil – entre autres spécialistes de la révolution technologique – n'ait pas cherché dans les lois des sciences de la nature une cause plausible du phénomène d'accélération exponentielle de la technologie, de son possible aboutissement sous forme de *singularité* et de la mutation robotique en cours. Il n'en dit pas un mot dans l'ouvrage auquel nous nous sommes référés *L'humanité 2.0.* De notre point de vue, cette évolution exponentielle pourrait bien être une conséquence directe de la loi MaxEP, selon laquelle le taux de dissipation d'énergie ne peut que s'accélérer d'une manière continue et de plus en plus rapide. Toujours selon nous, cette accélération est nécessairement cause du développement technologique, dans la mesure où, comme nous l'avons vu, celui-ci permet de suppléer de plus en plus efficacement l'incapacité croissante des individus à conformer leur comportement à cette accélération inéluctable. L'évolution vers une mutation robotique de plus en plus affirmée s'inscrit dans ce processus. La sélection naturelle, rappelons-le une fois encore, favorise les systèmes et structures en fonction de leur capacité à maximiser de la dissipation d'énergie. Ceci explique notamment, comme nous l'avons souligné, pourquoi les structures robotisées sont appelées à prendre de plus en plus d'essor, voire, à la limite, à supplanter les humains.

Il est également surprenant de constater, au travers des ouvrages qui traitent des développements de la robotique ainsi que des perspectives transhumaniste et posthumaniste, un manque général de réflexion sur les causes profondes de l'apparition de ces phénomènes. Le plus souvent, ces ouvrages semblent se limiter à en faire le constat, prêtant en quelque sorte à penser qu'ils résultent de quelques caprices irréfléchis des hommes. Or, il est bien évident que leur inscription dans l'Histoire relève de motifs incontournables et nécessaires. Le présent ouvrage s'emploie notamment à combler ce manquement.

Effets préoccupants

Les conséquences défavorables de cette évolution ont été soulignées maintes fois dans bon nombre d'articles et d'ouvrages. Comme chacun le sait, l'automatisation du travail par les voies de la robotique et de l'informatique va vraisemblablement accroître la fracture de la société entre les « élites » qui, grâce à leur expertise, ne seront pas, à moyen ou long terme, remplaçables professionnellement par des machines, et les « masses », à savoir les ensembles d'individus partiellement ou totalement remplaçables ; cette fracture va vraisemblablement continuer à creuser le fossé des inégalités (d'où l'utilité d'un « revenu universel » pondéré). S'il est vrai que, jusqu'il y a peu, plus d'emplois créaient plus de dissipation d'énergie, aujourd'hui les machines de haute technologie prennent le relais et assurent la plus grosse part de cette dissipation. Cela étant, il est vraisemblable que de nouveaux métiers apparaissent en lien avec les développements de l'informatique et de la robotique, métiers requérant des niveaux de compétences et de qualifications variés (dont certains plus largement accessibles sans expertise de haut niveau).

Autre effet préoccupant bien connu en lien avec l'évolution de l'informatique : la traçabilité de nos propos et de nos comportements via l'usage que nous faisons d'Internet – traçabilité dont il a été question plus haut dans ce chapitre – peut être perçue comme un moyen de surveillance constante (largement à notre insu) et généralisée.

Dans un autre ordre d'idées – également déjà évoquées dans ce chapitre –, certains craignent que les robots du futur, lorsqu'ils auront atteint un niveau d'intelligence artificielle leur permettant de se comporter en parfaite autonomie, supplantent l'homme au point d'éventuellement provoquer, à terme, sa disparition. À supposer que cela se produise effectivement, que faut-il en penser ?

L'homme, éternellement soucieux d'assurer sa descendance, a produit des générations successives d'individus par des voies dites naturelles. Mais à partir du moment où l'outil est une création de la nature à travers l'homme, le robot n'est-il pas lui aussi un produit naturel et, qui plus est, un produit généré par l'homme ? Par conséquent, ne peut-on pas considérer que le robot s'inscrit dans la filiation naturelle de l'homme ? En d'autres termes, les robots sont également nos enfants. Certes, ils ne sont pas faits de chair, mais, nonobstant, ils vont nous ressembler organiquement de plus en plus, dans la mesure où, dans les décennies qui viennent, nous serons sans doute nous-mêmes appelés à intégrer dans nos corps des éléments matériels de plus en plus nombreux et diversifiés (au-delà des reins ou des cœurs artificiels déjà présents chez bon nombre d'individus), dont des nano-éléments de contrôle médical. Peut-être arrivera-t-il que nos corps eux-mêmes seront progressivement robotisés par l'intégration graduelle d'éléments de haute technologique. Qui peut imaginer où se situera alors le seuil de différence entre ces humains organiquement « technologisés » et les véritables robots ? Selon R. Kurzweil (voir plus haut), la « singularité » représentera en quelque sorte la fusion, sans distinction entre eux, des hommes avec leurs outils robotiques : « les machines futures seront humaines, même si elles ne sont pas biologiques » (*op. cit.*).

Nous « fabriquons » nos enfants par les voies biologiques ordinaires, mais nous sommes aussi, jusqu'à nouvel ordre, les fabricants de nos robots. En quoi et pourquoi, après tout, la « fabrication » des entités productrices d'énergie libre (et, partant, de dissipation d'énergie) que sont nos descendants biologiques serait-elle, de toute éternité, préférable à celle d'outils jouant des rôles similaires ? Car si l'on arrive un jour à transmettre l'intelligence humaine aux robots, il y aura, d'une certaine manière une survie de nos mèmes et peut-être aussi, de caractéristiques propres à nos gènes (tout dépendra de l'aptitude de nos biologistes à effectuer ces prouesses, ainsi que de l'évolution des sciences cognitives).

Une autre question sous-jacente s'impose à ce propos : pourquoi, au fond, tenons-nous vraiment à ce que l'humanité perdure de toute éternité ? D'une part, il semble *a priori* évident que l'humanité n'est – comme nous l'avons mentionné par ailleurs – qu'un « moment » dans l'Histoire du monde (la Terre a longtemps existé sans elle). D'autre part, l'algorithmique complexe qui régit les comportements et les capacités des hommes, ainsi que les valeurs qui les gouvernent (en ce incluse la part d'invention et d'imagination humaines) pourront peut-être, un jour, être reproduites dans les programmes qui génèrent les comportements des robots.

Dans un ordre d'idées connexe, s'il devait un jour advenir que nos robots se construisent sans intervention humaine, voire après disparition de l'espèce homo sapiens, il leur faudrait sans doute inventer des processus de reproduction assurant la durabilité de leur nouvelle espèce (leur immortalité semble *a priori* peu vraisemblable). Car il est probable que chaque individu robot subira la loi de l'entropie qui conduit à l'état d'équilibre. Certes, cette perspective s'inscrit dans une démarche fortement spéculative, proche des scénarios de science-fiction. Toutefois, si l'on poursuit le raisonnement, il va sans dire que les individus robots, en tant que structures dissipatives, subiront également les effets de la sélection naturelle, laquelle continuera très vraisemblablement à favoriser les éléments les plus performants en termes de dissipation d'énergie. Comme nous l'avons envisagé plus haut, nos successeurs mécaniques devront également inventer, à leur tour, des outils inédits contribuant à suppléer de plus en plus au fil du temps leurs insuffisances en termes de dissipation globale d'énergie.

La frayeur que la plupart d'entre nous semblent ressentir à l'égard de ce type de progrès relève sans doute d'un ensemble de valeurs en voie d'obsolescence. Citons L. Ferry (2016, p. 29) :

> « Il est assez clair que tout autoriser, au risque de créer de véritables monstres, des êtres hybrides homme/machine/animal, qui n'auront plus grand-chose à voir avec l'humanité, fait reculer d'effroi la plupart d'entre nous. »

En réalité, nos repères et nos valeurs changent avec l'évolution de notre environnement, et il est vraisemblable que ces « êtres hybrides » ne nous apparaîtront plus comme des « monstres » à l'époque où ils existeront véritablement. De même pour ce qui est du concept d'humanité, dont le sens est probablement appelé à se modifier avec le temps et les progrès technologiques. Autre citation tirée du même ouvrage (p. 200) :

> « Du côté de la médecine et de la biologie, les questions posées par les nouvelles technologies seront plus inquiétantes encore, puisque c'est tout simplement l'identité de notre espèce, l'humanité même de l'être humain qui est en cause. »

Comme si cette notion d'identité de l'espèce (plutôt floue au départ) était figée et non évolutive, comme si « *l'humanité de l'être humain* » (notion plutôt creuse) répondait à une définition définitive et non modulable avec le temps… Une erreur persistante chez bon nombre de contempteurs des évolutions technologiques et culturelles tient dans la mauvaise habitude d'analyser le présent et le futur à l'aune de valeurs de référence dépassées, désormais inadaptées aux temps présent et à venir.

Répétons-le : aujourd'hui et probablement dorénavant, le monde est conduit à se transformer de plus en plus rapidement. Cette métamorphose constante étant inéluctable (pour les raisons scientifiques que nous avons longuement exposées), elle implique de modifier nos systèmes de valeurs et d'accueillir les changements et les innovations avec une large ouverture d'esprit. Souvenons-nous des réactions de crainte, voire d'effroi de nos ancêtres lors de l'introduction de machines dans certains secteurs industriels ou lors de l'apparition des premières locomotives à vapeur. Ce n'étaient déjà que des attitudes conservatrices, dont l'Histoire a montré la parfaite inanité. Voudrait-on que le monde ne change pas, que nos valeurs éthiques, philosophiques, esthétiques et culturelles au sens large n'évoluent jamais sinon à très petites doses ? Les esprits créatifs sont ceux qui abordent l'évolution de plain-pied et par voie d'innovations. Il en va de même des valeurs : les plus créatives, les plus innovantes et, en définitive, les plus bienfaisantes, sont celles qui composent avec l'évolution et dispensent les moyens de s'y accommoder.

Enfin, toujours dans le domaine des effets préoccupants des progrès de la robotique, beaucoup s'inquiètent de la capacité supposée des robots de prendre, à terme, totalement l'ascendant sur les humains et de les détruire. Nous avons fait état de cette préoccupation au paragraphe « Les robots dissipateurs » plus haut dans le présent chapitre. Les avis sont partagés. Il semble difficile aujourd'hui de se positionner par rapport à cette éventualité et d'en estimer la réalité potentielle.

« Technologisation », information et « DIY »

Comme nous l'avons vu, la production d'énergie libre, dont une partie sera ensuite dissipée, est tributaire d'une production de néguentropie effectuée avec l'appoint d'informations issues de l'environnement. La croissance de la dissipation d'énergie, obtenue au moyen des outils majeurs de cette dissipation que sont aujourd'hui ceux de l'informatique et de la robotique, s'accompagne conséquemment d'une évolution du contenu de l'information (tant sur le fond que sur la forme) et de la rapidité de sa diffusion, évolution liée au rôle néguentropique de l'innovation (et à l'accélération globale de l'entropie). Entre autres nombreuses innovations techniques produites par des leaders des technologies de l'information, Facebook a mis en route un projet visant à « lire » directement les pensées dans le centre du langage du cerveau et à les traiter de manière à les traduire en écrit, sans le recours personnel du parler ou d'un clavier. Ce processus devrait permettre une transmission d'informations cinq fois plus rapide que le temps pris jusqu'ici pour les taper sur un écran de *smartphone*.

Parallèlement aux évolutions en matière de traitement et de diffusion des informations, la « technologisation » de notre société entraîne un changement progressif relativement rapide des repères culturels. Ainsi qu'il a également été souligné dans cet ouvrage, cette mutation, alliée à de nouveaux attraits dans les domaines de la Connaissance (elle-même en grande partie tributaire des évolutions dans les secteurs de l'information), s'exprime en particulier dans les milieux des générations montantes : les critères traditionnels de l'érudition sont désormais remplacés par des critères fortement différents, plus en ligne avec les nécessités culturelles de la société en devenir.

Ces « bruits/ruptures » (ré)organisateurs supposent, en l'occurrence, l'introduction de nouveaux codes en grand nombre, qui ont notamment pour effet de cloisonner les repères culturels entre les anciennes et les nouvelles générations. Ce cloisonnement a, certes, existé de tout temps, mais les incidences accélérées de la Loi MaxEP semblent lui apporter une dimension et une rapidité d'évolution inédites. Ces chambardements culturels s'appliquent à la vie de tous les jours, en ce compris, bien entendu, la vie professionnelle et ses virages tels que nous les avons évoqués dans ce chapitre. Ils sont incontournables en ce sens que les structures dissipatives que nous sommes ont besoin d'innovations de plus en plus performantes pour affronter l'accélération continue de l'entropie. Ils vont modifier très considérablement nos modes de vie et les facteurs organisateurs de notre économie. Une des manifestations récentes de cette fracture culturelle et économique s'exprime dans l'essor de l'économie dite collaborative, essor largement lié au développement des nouvelles technologies et, dans ce cadre, aux progrès du « do it yourself (DIY) ». Internet permet de partager avec tout un chacun des nouvelles connaissances techniques, scientifiques et autres (Wikipédia est un excellent exemple), ainsi que des renseignements de toutes sortes. L'imprimante 3D doit, à terme, permettre de fabriquer soi-même une multitude d'objets à partir de programmes informatiques divulgués sur Internet. Au-delà, le principe du DIY consiste également à s'organiser pour partager des ressources et des services tels le covoiturage, le transport de personnes ou de matériel, la location entre particuliers de chambres ou d'appartements (airbnb) ou encore les MOOCs, service de mise en ligne de cours et de formations gratuites ou à très bas coût. Les « fablabs » (laboratoires de fabrication) sont des ateliers de mise en commun d'outillages divers ; les installations de « coworking » permettent d'utiliser des locaux communs pourvus d'équipements de travail et favorisant les rencontres entre individus pratiquant les mêmes types d'activités ; le « crowfunding » est une forme de prêt social pair à pair permettant le financement simplifié de projets d'investissement.

L'ensemble de ces initiatives tend à contourner les intermédiaires professionnels traditionnels et participe d'une modification des comportements sociaux. Le développement de nouveaux types de liens sociaux qui découle de ces initiatives dément en partie l'idée souvent répandue que l'informatique aurait pour effet d'isoler de plus en plus les individus. Par ailleurs, l'économie dite collaborative favorise l'innovation grâce à un accès facilité aux techniques industrielles de pointe, et, en règle générale, permet d'accélérer la production de biens et de services grâce à la suppression des intermédiaires, avec, à la clé, des avantages économiques intéressants. La rentabilité accélérée de cette forme d'économie en développement constitue peut-être un moyen de répondre aux impératifs d'une dissipation d'énergie également en accélération constante. Cela étant, l'idéal collaboratif pourrait n'être qu'un effet de mode temporaire. L'avenir nous le dira.

Mutation algorithmique

Nous avons vu que la croissance de la dissipation d'énergie impliquait l'appoint d'outils de plus en plus sophistiqués, dont des robots technologiquement très élaborés. Il peut paraître « normal » que l'évolution similarise les schémas algorithmiques propres au comportement des humains (voir chapitre V, paragraphe « Causalité et algorithmes ») et les outils robotiques servant à prolonger l'accomplissement de leurs tâches (les robots fonctionnent selon des processus numériques tablés sur des algorithmes). De fait, si la sélection naturelle a favorisé le fonctionnement algorithmique des humains, il peut paraître cohérent qu'elle favorise un fonctionnement d'ordre similaire pour les outils prolongeant les actes humains. Cette hypothèse se fonde une fois de plus sur le principe selon lequel « les outils sont des objets que la nature crée par le biais de l'homme ».

Une croissance en dents de scie ?

S'il semble, *a priori*, que le taux de dissipation d'énergie propre aux structures dissipatives que sont les sociétés humaines continuera à s'accélérer durablement, il n'est, en revanche, pas exclu que ce processus connaisse, sur des durées relativement longues, des périodes de stagnation. D'après F. Roddier (2010, p. 184), ce type de période est apparu tout au long de l'évolution des espèces, évolution constituée de phases de transformation rapide alternant avec de longues phases stationnaires. On a alors affaire au phénomène dit des « équilibres ponctués », relié au processus thermodynamique dit de « criticalité auto-organisée ». On peut peut-être concevoir (d'une manière, certes, spéculative) que le phénomène des « équilibres ponctués » s'applique également à l'évolution croissante de la dissipation d'énergie propre aux structures dissipatives : cette évolution s'effectuerait alors par des sortes d'à-coups, c'est-à-dire d'une manière progressive non régulière. Ceci explique peut-être pourquoi l'Histoire a connu des périodes de stagnation ou de progrès très faibles.

Chapitre VIII

Valeurs et organisation

Les considérations qui suivent ont pour objet de mettre l'accent sur les rôles joués par l'organisation, la désorganisation et les bruits/ruptures (suivant les définitions que nous leur avons données) dans la détermination des valeurs de divers types.

Le comportement humain est très largement guidé par des facteurs d'ordre culturel, à savoir des valeurs de type éthique, esthétique ou conceptuel (telles, dans ce dernier cas, les valeurs politiques, métaphysiques, intellectuelles). L'ensemble de ces valeurs constituent des formes d'information qui sont censées jouer, sur les plans individuels et sociaux, des rôles d'organisation (néguentropie) avec pour effet d'évacuer de la désorganisation (entropie). D'autre part, comme nous l'avons souligné à plusieurs reprises dans ce livre et principalement au chapitre I, la sélection naturelle s'applique – notamment – aux comportements et aux valeurs culturelles, les favorisant ou les mettant sur la touche en fonction du taux de dissipation d'énergie qu'ils contribuent à produire. Les valeurs, concepts et attitudes que nous considérerons ci-après ont été choisis en tant qu'exemples-types parmi d'autres mettant en évidence des liens avec la sélection naturelle et des principes d'ordre thermodynamique. Ces exemples sont, évidemment, très loin d'explorer tout le champ des possibilités de tels liens.

Valeurs esthétiques

La variabilité des valeurs esthétiques – tout comme celle des valeurs éthiques –, selon les rôles et significations qui leur sont attribués dans les différents milieux où elles s'expriment, souligne que ces valeurs répondent à des définitions non universelles, modulables et difficilement objectivables.

De fait, nous avons tous pu observer que les critères esthétiques varient d'une culture à l'autre sur le fond et sur la forme, c'est-à-dire, en gros, d'un milieu social à l'autre, d'une époque à l'autre. Les critères sont intégrés dans les *informations acquises* socialement répandues dans les milieux considérés à des époques spécifiques. Certaines valeurs de référence traditionnelles sont conservées durablement dans la mesure où elles contribuent à ordonner (organiser) durablement la vie sociale dans les milieux où elles s'expriment, pour autant qu'elles ne s'avèrent pas trop contre-productives à l'égard des potentialités néguentropiques des nouvelles valeurs en cours d'évolution. C'est ainsi que des valeurs anciennes peuvent cohabiter avec des valeurs nouvelles durant des périodes parfois très longues. Tel est le cas de l'ensemble des valeurs artistiques, notamment celles liées à la peinture, où l'on conserve une grande admiration pour des grands maîtres du passé. Nous sommes éduqués dans le respect de leurs œuvres dans la mesure où les informations dont elles sont porteuses en termes de valeurs esthétiques semblent conserver un caractère productif sur le plan néguentropique, constituant, en l'espèce, une base d'*informations acquises* non obsolètes. Parallèlement, les expressions artistiques d'aujourd'hui continuent d'évoluer et d'apporter leur lot d'innovations à caractère néguentropique/organisateur.

De fait, l'émergence de valeurs esthétiques innovantes (informations inédites) est nécessaire au maintien ou à la relance de l'organisation/néguentropie. Telle est, sans doute, l'une des fonctions essentielles de l'art dit d'avant-garde : introduire de nouvelles valeurs de référence de type *bruit/rupture* (conceptuelles ou non) en sorte de bousculer les redondances présentant, au fil du temps, peu d'effets néguentropiques. Notre monde se transforme d'une manière sans cesse accélérée sur le plan thermodynamique, de sorte que les outils dont nous disposons pour nous adapter à cette transformation se doivent d'être repensés et renouvelés régulièrement.

Valeurs éthiques et politiques

Les valeurs éthiques et politiques varient également selon leur potentiel d'organisation/néguentropie dans les milieux – et aux époques – dans lesquels elles s'expriment.

Les valeurs éthiques

Le meurtre constitue un bon exemple de relativité des valeurs : il est puni en temps normal, mais parfaitement autorisé en tant qu'acte militaire en temps de guerre. Le meurtre n'est pas uniformément réprouvé « parce que ce n'est pas bien de tuer », puisqu'il est légalement autorisé dans certaines circonstances. Lorsque l'on tue un ennemi en temps de guerre ou, par exemple, un terroriste en temps de paix, le meurtre prend valeur de facteur d'organisation, tandis qu'il est perçu comme facteur de désorganisation dans la vie ordinaire. Dès lors que les conflits armés ont principalement pour objet – dans un but essentiellement organisateur/néguentropique – de défendre, à l'intérieur de telle ou telle unité géographique, les ressources acquises ou de les accroître en se les appropriant à l'extérieur (tout conflit guerrier poursuivant, en toile de fond, directement ou de façon implicite, de tels objectifs – ainsi que nous l'avons déjà mentionné au chapitre V), tout, ou presque, semble permis. Une fois encore, c'est la préservation ou l'accroissement des moyens de produire de l'énergie libre à partir de ressources à caractère néguentropique qui régit le comportement humain : la maximisation de dissipation d'énergie est toujours, en toile de fond, un incitatif souverain. On ajoutera que le meurtre lié à la peine de mort s'inscrit dans la même démarche que l'autorisation de tuer en cas de conflits armés : tout acte criminel est ordinairement désapprouvé parce qu'il nuit à l'organisation sociale, mais l'application de la peine capitale est considérée dans certains pays comme « acceptable », voire « nécessaire » parce qu'elle y est perçue comme facteur d'organisation. On ajoutera que les conflits armés peuvent aussi avoir pour objet de défendre des valeurs culturelles (par exemple, de démocratie, de religion, de laïcité) dès lors que celles-ci jouent un rôle organisateur jugé incontournable.

Dans un autre ordre d'idées, des États démocratiques vont composer avec des dictatures s'il s'avère que l'entretien de bonnes relations avec celles-ci assure des avantages conséquents en termes économiques et commerciaux, c'est-à-dire en termes d'accès aux ressources. Il est alors courant que des citoyens accusent les gouvernants de se laisser aller à des attitudes amorales et à des malversations répréhensibles alors que, bien souvent, le comportement de ces gouvernants n'a d'autre but que de maintenir, à terme, des conditions économiques nationales favorables (excepté lorsque, dans certains cas, les avantages ne profitent qu'aux gouvernants eux-mêmes…). C'est moins la politique qui s'aligne sur l'éthique que l'inverse.

Sur un autre plan, nous acceptons difficilement les idées contraires à celles que nous avons faites nôtres en raison du potentiel organisateur que ces dernières ont à nos yeux ; si des idées au départ opposées aux nôtres s'imposent à nous par leur cohérence, elles vont dans l'immédiat nous priver d'un capital d'*informations acquises*, mais, simultanément, constituer des *informations nouvelles* à caractère innovant. Notre adhésion ou non aux idées et valeurs différentes des nôtres tient toujours au caractère organisateur/néguentropique ou désorganisateur/ entropique qu'elles représentent – à tort ou à raison – pour chacun de nous ou pour le groupe social auquel nous appartenons. Il en va de même de la soutenance de valeurs politiques respectivement conservatrices ou progressistes, dans la mesure où elles sont défendues en fonction du caractère d'organisation/néguentropie qui leur est attribué par les uns ou les autres.

Les « valeurs » politiques

À tous les niveaux de l'organisation sociale et notamment à celui des structures gouvernantes, le respect d'un ensemble de valeurs éthiques ordinairement jugées fondamentales est fortement revendiqué par les citoyens. Toutefois, dans une situation de désorganisation durable, la nécessité de survenance de bruits/ruptures peut requérir une remise en question rapide de certaines de ces valeurs dès lors que, par leur caractère passéiste ou immobiliste, elles nuisent à l'instauration d'un climat d'innovations (ré)organisateur ressenti comme nécessaire. Une frange de la population peut alors se détourner de certaines normes acquises notamment en élisant des gouvernants qui les remettent fortement en question. Des valeurs jusque-là décriées peuvent alors surpasser et remplacer socialement les valeurs les plus ancrées et acquérir, plus ou moins rapidement, le même caractère d'indéfectibilité et d'honorabilité que ces dernières, pour autant, bien entendu, qu'elles soient ressenties comme étant réorganisatrices (c'est-à-dire productrices de néguentropie à un niveau supérieur et adapté à l'évolution du milieu). Car même les valeurs les plus solidement ancrées sont, au fil du temps et des circonstances, sujettes à la dégradation (la désorganisation). Ceci est d'autant plus imaginable aujourd'hui que nous traversons une période de grandes transformations.

Les structures dissipatives que sont les sous-écosystèmes sociaux – parmi lesquels figurent les structures gouvernantes – s'appuient notamment sur des règles morales pour se maintenir durablement dans un état d'organisation (état qui contribue à assurer un bon taux de dissipation d'énergie). Les grandes valeurs humanistes, de solidarité et de partage (valeurs philanthropiques et démocratiques, notamment) vont dans ce sens. Elles demeurent bonnes à défendre tant qu'elles favorisent le maintien de cet état d'organisation. Mais lorsqu'elles ne sont plus à même de le faire, il peut advenir que lesdites valeurs soient rejetées par la sélection naturelle (qui, comme nous l'avons souligné par ailleurs, privilégie ou élimine les structures dissipatives – dont font partie les valeurs culturelles – selon le taux de dissipation d'énergie qu'elles produisent via des apports d'information). Telle est la situation actuelle, caractérisée, notamment, par une désagrégation progressive de la « valeur » démocratie et d'un ensemble d'autres valeurs qui jouaient jusqu'alors un rôle organisateur. On observe également une nouvelle dégradation de la « valeur » solidarité, à l'égard, entre autres, des migrants (dispositions de D. Trump, envolées des partis d'extrême droite, etc.). En tout état de cause, il serait parfaitement erroné de croire à une bonté naturelle intrinsèque de l'homme qui le conduirait spontanément et de tout temps à l'amour du prochain : les valeurs empathiques et conviviales ne sont soutenues que dans la mesure où, dans des conditions données, elles favorisent l'organisation/néguentropie. De même pour l'ensemble des valeurs des Lumières (autre exemple de valeurs fortes), qui sont apparues (et ont obtenu un succès durable) en tant que facteurs de rupture, et par suite organisateur, dans un contexte donné approprié. Elles ne sont pas apparues plus tôt dans la mesure où elles n'auraient pas enclenché, alors, un effet organisateur. Tout dépend, en fait, des potentialités d'organisation dont sont porteuses les informations (telles, ici, celles produites dans le cadre des Lumières) à une époque et dans un lieu donnés. Ces valeurs, aussi nobles nous semblent-elles aujourd'hui, ne seront probablement pas éternelles.

Les grands chambardements politiques, sociaux, économiques et culturels actuels constituent autant de *bruits* ou d'amorces de *bruits* consécutifs à une phase de forte désorganisation liée, sans doute, à certains défauts d'innovations, notamment dans les valeurs éthiques et politiques.

Parmi celles-ci, il semble bien que les valeurs d'*égalité* (et, partant, de démocratie) sont en cours de désagrégation : le fossé se creuse de plus en plus entre les riches et les pauvres, vraisemblablement parce que les valeurs égalité/partage des richesses (et autres valeurs éthico-philanthropiques) ont cessé de jouer pleinement leur rôle organisateur (en termes de dissipation d'énergie maximisée).

L'économie numérique, quant à elle, se soucie peu de ces valeurs d'égalité (voir également plus loin, à ce sujet, le paragraphe « Divers »). Déjà, certains de ses représentants estiment « normal » que la société se scinde à court terme entre les « élites » et les « masses » (et que ces dernières vivent du revenu universel). Par ailleurs, cette économie contribuera probablement à un développement de plus en plus affirmé du *transhumanisme*, à savoir une promotion d'équipements corporels intégrés de haute technologie (cf. chapitre VII), permettant d'améliorer les performances des individus (performances concrétisées, implicitement, en termes de maximisation de dissipation d'énergie). Mais il est vraisemblable que les individus bénéficiaires de ces équipements seront, au départ et durablement, ceux qui appartiennent aux milieux les plus aisés.

Dans un autre ordre d'idées, le mépris affiché par certains à l'égard de groupes ethniques, religieux, nationaux ou de couleurs de peau spécifiques tient à la croyance que ces groupes représentent, par leur comportement ou les valeurs qu'ils défendent (ou qui leur sont attribuées), un danger majeur pour l'organisation de leur milieu. Les antiségrégationnistes estiment, au contraire, que le respect des grandes valeurs humanistes constitue un important facteur d'organisation. En définitive, la défense de types de valeurs variés est toujours déterminée par des intérêts sociaux ou individuels d'ordre organisationnel/néguentropique. Le « mal » peut devenir le « bien » et réciproquement selon les nécessités. Le « politiquement correct » et la « bien-pensance » s'appuient sur des valeurs implicitement considérées comme favorables, dans un milieu donné et à une époque donnée, à l'organisation/néguentropie. Aller à leur encontre est tout aussi implicitement considéré comme une attitude désorganisatrice, d'où l'opprobre jeté sur les opposants à certaines valeurs reconnues et magnifiées.

Le progressisme consiste sans doute à accepter, pour un temps, l'émergence de « bruits » réorganisateurs (toujours produits dans des états de désorganisation) et de réfléchir aux moyens de leur donner, après coup, un vernis de valeur éthique adapté à l'évolution récente. Dans leur souci de maintenir à tout prix des valeurs qui dénient l'existence incontournable d'un fil continu de successions d'états d'organisation, de désorganisation et de réorganisation, certains milieux dits progressistes apparaissent aujourd'hui profondément conservateurs. Ce conservatisme, c'est notamment la peur obsessive de « bruits » désorganisateurs dans un premier temps, tels le pouvoir de surveillance des GAFAM (et structures similaires), appréhension liée à celle de l'influence grandissante des outils à systèmes algorithmiques sur nos comportements – ou encore la crainte des évolutions en cours dans le domaine de la génétique et dans celui, connexe, du transhumanisme. De même, la gauche écolo fait montre de conservatisme à chaque fois qu'elle s'ingénie à traquer sans nuances toutes les transformations de l'écosystème, alors que celui-ci est une structure dissipative, à savoir une structure qui, fondamentalement et immanquablement, est appelée à traverser des successions infinies de phases de désorganisation et de réorganisation. Le « c'était mieux avant » en matières éthique et politique n'est pas défendable dans un univers où tout se transforme inéluctablement.

En tout état de cause, les valeurs, quelles qu'elles soient, doivent leur existence, leur survivance et leur déclin à leur niveau de rentabilité en termes de néguentropie.

« Valeurs » économiques (croissance, consommation, productivité)

L'approche computationnaliste considère que l'Univers et, au sein de celui-ci, notre monde fonctionneraient d'une manière similaire à celle des ordinateurs. Dès lors, le fonctionnement des écosystèmes (et des structures animées qui le composent) serait lui-même tablé sur des *programmes* (au sens informatique), articulés sur des schémas algorithmiques.

On peut fonder l'hypothèse que ces programmes évoluent en fonction de la sélection naturelle, laquelle favorise, comme nous l'avons maintes fois souligné, les processus et les structures capables de maximiser au mieux de la dissipation d'énergie (via l'information). À l'heure actuelle, s'agissant des sous-écosystèmes sociaux, les processus et structures sélectionnés qui les régissent dans une part importante du monde sont articulés sur des *programmes* d'économie de marché (le capitalisme et son développement néolibéral), dans la mesure où ceux-ci sont, jusqu'à nouvel ordre, les meilleurs – ou si l'on préfère, les « moins mauvais » – outils de leur maximisation de dissipation d'énergie. Le programme général ne se modifiera que si l'écosystème social n'arrive plus à accroître suffisamment sa dissipation d'énergie ; dans ce cas, des changements de « programmes » pourraient intervenir, entraînant des modifications de comportement de type « révolutionnaire » (on notera au passage que les révolutions sont aussi des produits de la sélection naturelle. Elles interviennent le plus souvent lorsque l'écosystème humain n'est plus capable de maximiser sa dissipation d'énergie d'une manière optimale. Ce fut le cas à l'époque des Tsars ou de la royauté de l'Ancien Régime français et lors de bon nombre d'autres modifications brutales de l'Histoire. Les révolutions sont des « bruits/ruptures préalables à des états de réorganisation »).

Valeur de consommation

Au-delà de ces considérations algorithmiques et comme il a été rappelé plus haut, l'évolution des technologies constitue plus que jamais le meilleur moyen d'assurer un taux de dissipation d'énergie accéléré optimal. Si l'économie pousse à la consommation des produits de haute technologie, notamment de technologies de l'information (l'information étant, comme on le sait, facteur essentiel de production de néguentropie), c'est précisément parce que celles-ci contribuent implicitement à une bonne maximisation de dissipation d'énergie. Il en va de même pour la consommation sans cesse accrue de nombreux autres produits manufacturés, dans la mesure où cette consommation produit, en tant que telle (directement ou indirectement), un complément de dissipation globale d'énergie (au niveau du sous-écosystème social dans son ensemble). Parallèlement, elle contribue au maintien du niveau général de la croissance économique ; or, comme nous l'avons vu par ailleurs, la prospérité est un facteur essentiel de l'accroissement du taux global de dissipation d'énergie.

Valeur de croissance économique

En tout état de cause, une révolution qui réfuterait totalement le principe de la croissance économique serait vraisemblablement vouée à l'échec, cette croissance obligée étant – jusqu'à preuve du contraire – directement liée à celle de la maximisation « obligée » et continue de la dissipation d'énergie. Dans la mesure où elle fait le jeu de cette maximisation, la croissance économique est imposée par la sélection naturelle. Ceci explique notamment pourquoi des métiers disparaissent, pourquoi de plus en plus de diplômes sont sans débouchés, pourquoi bon nombre d'individus ne peuvent échapper au chômage : ils ne contribuent pas ou peu – ils sont inadaptés – à la croissance économique (et donc à la croissance de la dissipation d'énergie). Rien de neuf de ce côté. Quoi qu'il en soit, toute modification de facteurs de cette croissance ne peut s'affirmer (être « sélectionnée ») que si elle s'inscrit dans le maintien d'une maximisation continue de dissipation d'énergie.

Valeur de productivité

La continuité de la croissance économique, impliquée par la croissance continue de dissipation d'énergie liée à la croissance « naturelle » de l'entropie, suppose un renforcement sans cesse accru des conditions et des comportements favorables à un accroissement constant de la productivité (facteur et conséquence d'une production croissante d'énergie libre). On comprend aisément que cette évolution inéluctable empêche, du moins à l'heure actuelle, la réduction globale des temps de travail, surtout dans les professions très productives (ceci explique notamment pourquoi les commerces sont de plus en plus appelés à demeurer ouverts tous les jours de la semaine). Une fois encore, ce n'est pas par mépris à l'égard du bien-être des individus que se produit cette évolution : celle-ci résulte fondamentalement (directement ou indirectement) de motifs d'ordre spécifiquement thermodynamique. La prise en charge progressive de certains types d'emplois par des robots réduira sans doute le nombre d'heures prestées par certains (mais probablement avec d'importantes pertes de revenus individuels) ; mais dans le même temps, elle requerra des experts en tous genres – dont, en particulier, ceux travaillant dans les domaines technologiques – et des horaires de prestations sans grands répits au vu des impératifs de la croissance continue (thermodynamiquement incontournable). Cet impératif de productivité s'accompagne régulièrement d'une surveillance accrue du comportement professionnel des individus, par la voie des divers processus d'espionnage technologique et informatique, par l'instauration omniprésente des évaluations des employés selon le mérite (moyen de pression sur le comportement productif des employés), par la disparition de contrats CDI et celle, progressive, de contrats CDD (de plus en plus nombreuses sont les prestations de type *free-lance*, par lesquelles des individus indépendants proposent leurs services à diverses entreprises : les capacités d'expertise sont ici de plus en plus valorisées), la sécurité offerte par les contrats d'emploi traditionnels étant susceptible de conduire à un certain laxisme dans la productivité individuelle.

Divers

Si l'on considère la *valeur de vérité* (nouvel exemple de valeur parmi d'autres), elle est assurément des plus floues et des plus modulables, la signification qu'on lui attribue étant, une fois encore, liée à son potentiel néguentropique/organisateur. Les idées de Galilée (qui étaient des vérités) ont été violemment réfutées à l'époque où celui-ci les a divulguées, dans la mesure, notamment, où elles contrevenaient à divers préceptes religieux, la croyance absolue dans la religion constituant alors un ciment de valeurs estimé indispensable à une organisation optimale du fonctionnement de la société. Il est très probable que cette organisation optimale favorisait alors implicitement une bonne maximisation de dissipation d'énergie (au taux de l'époque). De nombreux autres exemples confirment ce phénomène, notamment pour ce qui est de la notion dogmatique de la Vérité, variable selon les religions.

Pour ce qui est de la *valeur d'égalité* (sujet déjà abordé plus haut dans ce chapitre), c'est sans doute parce qu'elle est censée harmoniser les relations humaines au sein des structures sociales, de manière à limiter les sources de conflits néfastes à une bonne organisation (préalable à une bonne dissipation globale d'énergie), qu'elle est prônée dans notre société. Mais sinon, sur ce plan, il y a, au fond, peu de raisons que les plus nantis partagent leurs richesses avec les plus défavorisés, car – si l'on prend en compte l'optique thermodynamique à partir de laquelle nous examinons les questions de comportements – ce serait pour eux réduire leur capacité individuelle à dissiper de l'énergie. Cela dit, force est de reconnaître – quoi que l'on en dise et que l'on en pense – que l'inégalité est inévitable dans la mesure où jamais les individus ne seront en mesure de maximiser leur dissipation d'énergie d'une manière égale, la qualité de l'information acquise (sa contribution à la Connaissance, son rôle dans la génération d'émergences innovantes productrices de néguentropie, sa qualité d'agent d'accès à l'énergie-matière, etc.) dont ils sont les récepteurs variant très largement selon les appartenances socioculturelles. La société peut bien entendu proposer des mesures diversifiées pour démocratiser l'accès à cette information, mais dans l'ensemble, l'éventail des facteurs limitant cet accès demeure trop complexe et trop large pour que l'on puisse y remédier pleinement et durablement.

Par ailleurs, le maintien ou la promotion d'une structure sociale fortement égalitaire sont apparemment de nature à nuire à la production de néguentropie, en raison du peu de motivation qu'ils suscitent en faveur de l'innovation. M. Forsé (1989, p. 126) rapporte, d'une part, ces propos de C. Lévi-Strauss :

> « Dans toutes les sociétés (ndlr : qu'il a eu l'occasion d'étudier), il y a un certain degré d'inégalité et une certaine hétérogénéité des situations individuelles, une diversité. [...] Dans le vocabulaire du paradigme entropique, cette diversité représente un ordre, et la tendance à l'indifférenciation ou à l'égalisation menace ce degré d'ordre en faisant tendre le système vers le désordre. »

M. Forsé (*ibid.*, p. 127) cite, d'autre part, J.-P. Daloz (1978) :

> « Les inégalités (en milieu social) sont en effet source de dynamisme [...]. Elles jouent le même rôle que les gradients de chaleur pour un système physique. Des individus, non satisfaits de leur situation sociale relative, s'ingénient à surmonter leur handicap. Certains d'entre eux parviendront à la richesse. Ce faisant, ils auront dû innover, proposer des produits nouveaux ou des organisations nouvelles, prendre des risques. »

Dans un ordre d'idées similaire, J.-P. Daloz tient également les propos suivants :

> (Les crises économiques ont notamment pour objet) « de jouer comme des procédés de maintien et de restitution d'un certain degré d'inégalité dans un système économico-social ; en d'autres termes, (ces procédés) sont les moyens

utilisés actuellement, de préférence à d'autres, pour lutter contre la loi du désordre croissant. » (*Ibid.*, p. 130)

Cela dit, en la considérant exclusivement suivant l'optique thermodynamique qui oriente nos hypothèses, la précarité constitue un puissant facteur de mal-être pour ceux qui en souffrent au motif fondamental et implicite qu'elle rend impossible la production de néguentropie permettant de maximiser adéquatement la dissipation individuelle d'énergie (par exemple, la difficulté de se procurer de la nourriture – apport en énergie – rend très difficile la production d'énergie libre pouvant être partiellement dissipée).

La liberté d'expression

Parmi les valeurs démocratiques largement soutenues aujourd'hui sur le plan éthique figure la *liberté d'expression*. Il est un fait (nous l'avons vu par ailleurs) que de bonnes conditions de diffusion des informations favorisent la production de néguentropie. Dans un contexte de diffusion non censurée d'informations, la valorisation de l'esprit critique et la remise en question de valeurs ou de critères de référence en voie d'obsolescence sont de nature à développer le champ des innovations et des émergences utiles à la production de néguentropie. Mais cet avantage n'implique pas nécessairement la possibilité de tout exprimer. La liberté d'expression est nécessairement soumise à des facteurs restrictifs liés de près ou de loin – comme en toutes matières – au taux actualisé de dissipation d'énergie. La sélection naturelle favorise les informations qui contribuent à maximiser ce taux et délaisse celles qui n'y contribuent pas. Chacun a pu observer que des informations jugées – à tort ou à raison – nuisibles au maintien d'un certain ordre social durable sont critiquées et réprimées par les autorités en place mais aussi par certains de nos interlocuteurs ordinaires : elles sont supposées aller, *in fine*, à l'encontre des valeurs de stabilité grâce auxquelles la société concernée maintient son état organisateur (état dont les effets thermodynamiques sont primordiaux, quand bien même les « censeurs » en sont ordinairement parfaitement inconscients). La liberté d'expression n'est pas réprimée uniquement pour des motifs politiques : elle peut l'être aussi, d'une manière tout aussi insidieuse (sinon davantage), dans le champ des idées originales allant à contresens des valeurs ordinairement admises : à titre d'exemple parmi de très nombreux autres, les positions climato-sceptiques peuvent susciter des réactions (prises de position) violentes ; les positions déterministes, positivistes et autres matérialistes sont également très souvent mal perçues et réprouvées sans grand ménagement par des interlocuteurs pourtant parfois issus de milieux dits intellectuels… Prétendre, notamment, que l'homme est un mécanisme dépourvu de véritable capacité d'autodétermination fait partie des considérations le plus souvent accueillies avec dépit, voire avec mépris par la majorité de nos semblables. Ces réprobations prennent souvent des formes de censure implicite. Sans doute faut-il y voir la mainmise de la sélection naturelle, qui n'est pas « prête » à intégrer de telles *valeurs* culturelles, dans la mesure où elles sont vraisemblablement encore productrices d'états de relative désorganisation. Mais rien n'interdit de penser qu'une mise en avant plus soutenue de telles valeurs ne produise pas un jour ou l'autre une « rupture » désorganisatrice préalable à une réorganisation bienvenue. En tout état de cause, dans les pays ou régions où la liberté d'expression est muselée – limitation de l'accès à un champ d'information large – s'instaure généralement, à terme, un état de désorganisation/entropie durable.

La violence

En marge de ces quelques valeurs choisies en tant qu'exemples parlants, on évoquera brièvement – dans la mesure où elle s'inscrit également dans des nécessités d'ordre thermodynamique – une « valeur/attitude » souvent considérée d'une manière négative, bien qu'incontournable : la *violence* (pratique également régie par des facteurs culturels – mais aussi notion floue et modulable). La violence est en vérité l'un des processus majeurs grâce auxquels les structures dissipatives dominantes se maintiennent éloignées de l'état d'équilibre (au sens thermodynamique). Les collisions et explosions innombrables d'éléments du cosmos (qui est une structure dissipative) sont l'une des expressions de cette violence, tout comme les cataclysmes qui se produisent sur notre planète. Au niveau du sous-écosystème social, la violence humaine s'exprime dans tout mode d'expression que nous ressentons comme une forme d'agression, qu'elle soit verbale, physique ou d'ordre conceptuel (par exemple, dans les cas de règles politiques ou juridiques imposées par la contrainte). Elle fait partie de l'attirail de formes d'information dont disposent la société et les individus pour influer – à tort ou à raison – sur certains types de comportements ; en ce sens, elle constitue régulièrement un facteur parmi d'autres de désorganisation à vocation (ré)organisatrice (il en va de même des cataclysmes naturels au niveau de l'écosystème global). Le *bruit* (toujours au sens défini dans ce livre) est facteur d'organisation ; la violence est indiscutablement une forme de *bruit* essentielle pour autant que, par son caractère indirectement organisateur, elle constitue un outil évident de production de néguentropie. Certes, la violence peut être considérée comme une forme de désordre et, par extrapolation, comme une forme d'accroissement d'entropie au détriment des « victimes », pouvant notamment conduire des individus ou des États à une dégradation durable de leurs conditions de vie sur les plans social et économique (voire à leur état d'entropie maximale) ; les victimes sont alors, en quelque sorte, les proies qui permettront, à moyen ou long terme, la survie des prédateurs ; ici encore, l'évolution naturelle joue son rôle de sélection dans la gamme des comportements humains. La désorganisation qui constitue l'état des « victimes » peut également être l'amorce d'une relance du processus néguentropique de réorganisation par le *bruit* (à court ou à long terme). En définitive, ce que l'on appelle la violence est un phénomène naturel incontournable, nécessaire à la pérennité des divers types de structures dissipatives (dont, évidemment, les humains). Et c'est certainement pour assurer la continuité de notre propre production de néguentropie que nous répondons – à tort ou à raison – fréquemment à la violence par la violence (verbale ou physique) avec, parfois, le risque de nous rapprocher de l'état d'équilibre entropique, voire de l'atteindre définitivement.

La finalité

Rapporté au fonctionnement de la nature et de ses composants, le concept téléologique de finalité – selon lequel l'histoire s'inscrit dans un dessein, lequel serait défini de l'extérieur par un principe transcendant – s'avère peu pertinent dans le contexte d'une approche rigoureusement scientifique de l'ordre de celle soutenue dans le présent ouvrage. De fait, quand l'écosystème se comporte de manière à maintenir son état homéostatique (facteur étroitement lié au maintien de sa capacité à maximiser sa dissipation d'énergie), il ne répond pas à une quelconque intention ou finalité « volontaire ». Étant entendu que l'homme fait partie de ce schéma homéostatique (il est une structure dissipative au sein de structures dissipatives plus vastes), son fonctionnement s'inscrit dans ledit schéma. Maximiser sa dissipation d'énergie ne constitue pas un but en soi : il s'agit d'un comportement sélectionné par l'environnement, sélection qui n'a rien de téléologique. C'est un fait physique parmi d'autres. L'existence, en tant que fait physique, n'a pas de « sens » en soi, si ce n'est qu'elle participe à l'homéostasie de l'écosystème global.

Aujourd'hui, les sciences de la nature s'efforcent, à bien des égards, d'éliminer les approches téléologiques dans leurs champs d'investigation. E. Schoffeniels rappelle que la biologie, en particulier, a eu à souffrir de ce type d'approche. Il note, à titre d'exemple (1973, p. 3), que « la fabrication du nid, la parade nuptiale, etc. sont décrites comme si l'oiseau savait ou agissait en fonction d'un but », et de poursuivre (p. 6) :

> « On peut éliminer le langage finaliste sans aucune perte pour la science, car ce qui peut être décrit en termes téléologiques peut l'être aussi efficacement en d'autres termes [...]. L'élimination du langage finaliste évite, de plus, l'importation en biologie de doctrines théologiques ou métaphysiques invérifiables que refusent la méthode scientifique et l'usage de concepts explicatifs qui n'ont pas cours en physique ou en chimie. »

L'approche scientifique défendue dans notre ouvrage va dans le sens de ces propos. Le principe d'organisation – qui est un principe dit d'ordre, avec la connotation positive qui y est accolée – est un facteur de causalité qui n'a d'autre « valeur » que son caractère de phénomène naturel. Il ne s'inscrit pas davantage dans un quelconque processus téléologique.

Bien entendu, des philosophes peuvent concevoir que les faits physiques soient eux-mêmes régis par des principes de finalité au sens téléologique. De toute évidence, cette position éventuelle ne s'inscrit pas dans la vision scientifique et, partant, non métaphysique, qui est défendue dans le présent ouvrage.

« L'avenir de nos sociétés n'existe que dans une éthique dont les racines s'enfoncent profondément dans la connaissance scientifique. »
(E. Schoffeniels, *ibid.*, p. XX)

Valeurs floues

La modulabilité d'un certain nombre de valeurs est probablement utile à l'organisation de nombreux comportements sociaux et individuels. Toutefois, on peut déplorer que le caractère flou, non quantifiable ou non observable et non objectivable de nombreux vocables liés à l'expression de valeurs fasse régulièrement partie du langage de bien des penseurs et analystes des phénomènes humains. La liberté, le bien, le mal, le bonheur, la dignité, la transcendance font, entre autres, partie de cette terminologie floue. Dès lors que l'information joue un rôle primordial dans le fonctionnement et le comportement humains, son expression « au sens restreint » (le transfert de connaissances, cf. chapitre II) se devrait sans doute d'éviter ces vocables flous, une précision optimale étant à promouvoir en matière de communication verbale si l'on veut donner aux messages une efficacité et une crédibilité optimales. L'analyse par les sciences dites dures de l'ensemble des phénomènes qu'elle aborde utilise autant que possible des vocables clairement définis et non modulables, qui font avancer la connaissance à grands pas.

Globalement (et en résumé...)

Bon nombre de valeurs éthiques et politiques prédominantes dans notre société sont faites de concepts et de formules éculés que l'on continue de promouvoir dans un monde de plus en plus différent de celui où ces concepts et formules avaient des raisons d'être. Comme nous l'avons souligné à diverses reprises, nous entrons dans un monde nouveau, né d'une révolution civilisationnelle dominée, dans un premier temps, par le numérique et ses innombrables applications. Il s'agit d'un monde pragmatique fondé notamment sur des paradigmes largement algorithmiques et où il sera, à terme, fait table rase d'un ensemble de repères culturels qui ont dominé au XXe siècle. Ce bouleversement est un « bruit » gigantesque survenant à point nommé pour mettre fin à des schémas socio-économiques et culturels désormais désorganisateurs (et désorganisés), car non adaptés à l'évolution. Cette désorganisation s'avérant très profonde, elle ne laissera la place à une nouvelle structuration organisatrice qu'au prix d'une tout aussi profonde remise en question de concepts et de valeurs jugés jusqu'ici indéboulonnables. Nous avons été accoutumés à considérer nos valeurs éthiques de base (solidarité, empathie, démocratie…) comme étant incontournables de tout temps, et ce, en raison de leur caractère fortement organisateur (dans les faits ou supposé tel). Mais leurs pouvoirs d'organisation étant devenus de moins en moins opérants, ces valeurs tendent aujourd'hui à devenir caduques (du moins, un certain nombre d'entre elles). Il est sans doute encore difficile de déterminer celles qui vont être esquintées et progressivement jetées aux orties. Toujours est-il que les valeurs et repères liés à l'esprit de tradition et au « politiquement correct » s'avèrent très peu porteurs d'innovations et d'adaptation aux diverses formes d'évolution, alors que l'innovation, en toutes matières, possède un pouvoir réorganisateur.

Dans le passé et aujourd'hui encore, des systèmes politiques et culturels ont défendu et défendent des valeurs profondément différentes de celles promues en Occident (valeurs rebutantes à nos yeux tels le maintien des rapports de domination des hommes sur les femmes, l'esclavage, le créationnisme, etc.). Toutefois, ces valeurs, dans les pays qui les défendent, sont considérées comme étant tout aussi incontournables que le sont chez nous nos propres valeurs. Elles demeurent en vigueur dans ces pays en raison de leur caractère supposé (ou avéré) organisateur. Il en va de même pour les valeurs mises en avant chez nous.

En résumé, comme nous l'avons souligné plus haut, les valeurs éthiques, politiques et autres esthétiques et religieuses, n'ont de raison d'être qu'en raison de leurs pouvoirs organisateurs. Il n'y a donc intrinsèquement et universellement ni bonnes ni mauvaises valeurs en soi. Ce constat, s'il est pris en considération dans les sociétés du futur, devrait contribuer à développer des valeurs innovantes adaptées à la mutation civilisationnelle en cours.

Troisième partie
Considérations complémentaires et synthèse

Chapitre IX

Cas spécifique d'application : la conversation

Ce livre a, entre autres, pour objet de montrer que les principes des sciences de la nature s'appliquent à l'ensemble des phénomènes de la vie ordinaire. Tout ce qui a trait à l'information, en tant qu'élément déterminant du schéma thermodynamique appliqué aux structures dissipatives, est nécessairement impacté par un certain nombre de ces principes. La conversation, lieu d'échange d'informations par excellence, constitue, parmi d'autres, un modèle type de cet état de fait. L'exercice théorique ci-après servira d'exemple caractéristique de l'empreinte des sciences de la nature sur des situations habituellement étudiées par des disciplines des sciences humaines, en l'occurrence la sociologie et les sciences de l'information et de la communication.

Cadre théorique

Considérons une conversation, au départ informelle, entre quelques individus assis à une table. Un sujet de discussion se dessine, auquel succéderont vraisemblablement d'autres sujets par voie de digressions. Petit à petit, la conversation s'organise. Les propos des uns constituent régulièrement une nouvelle base d'argumentation pour d'autres, avec divers effets de feed-back. Ce processus, tant qu'il se poursuit, est autosuffisant (la discussion s'auto-régénère sans apport externe), de sorte que l'on peut dire de la conversation qu'elle s'« auto-organise ». Les échanges, selon la qualité des interactions, génèrent régulièrement des idées jusqu'alors non exprimées, produisant dans l'immédiat un niveau de réflexion différent, voire relativement supérieur à une simple addition non canalisée des propos qui l'ont inférée : ces idées correspondent à des émergences. Puis vient un moment où la conversation s'épuise : elle se désordonne, elle se désorganise, si bien qu'elle risque de devenir sans objet et d'atteindre alors son état d'équilibre (en d'autres termes : son état d'entropie maximale).

L'accroissement de l'entropie, sous la forme d'une désorganisation épisodique durable, se ressent avec force au cours des échanges. Toutefois, la conversation est aussi un « système ouvert », à savoir un système qui s'alimente – avec pour effet de demeurer éloigné de l'état d'équilibre – *d'informations acquises* puisées dans le bagage du savoir de chaque participant, informations susceptibles de constituer des *informations nouvelles* pour les autres interlocuteurs. En l'occurrence, la conversation s'assimile à une structure dissipative. Grâce à l'injection de ces nouvelles informations, elle peut reprendre et se réorganiser jusqu'au moment où, inéluctablement, elle sera à nouveau – et peut-être définitivement – vaincue par les effets de l'accroissement de l'entropie, jusqu'à atteindre son état d'équilibre (au sens thermodynamique).

De ces considérations, il ressort notamment que, pour perdurer, la conversation doit régulièrement s'alimenter d'éléments rupteurs/innovateurs (à savoir, généralement, des émergences issues de la conjugaison des propos échangés ou, le cas échéant, des intrusions d'individus tiers, ou encore la survenue d'autres facteurs environnants perturbants). Dans un premier temps, ces éléments sont généralement perçus par une partie des participants comme des facteurs brièvement désorganisateurs. Ils sont ce qu'il est convenu d'appeler des « bruits » (des éléments parasites et/ou imprévisibles, cf. Théorie de l'information) générateurs de complexité et facteurs, le cas échéant et après coup, de réorganisation (comme nous l'avons vu, H. von Foerster puis H. Atlan ont appelé ce processus « complexité par le bruit » et E. Morin l'a appelé « organisation par le bruit »). Mais si l'information nouvellement introduite est une réplication de propos déjà exprimés dans la conversation, elle constitue une « redondance », à savoir un facteur aux effets inexistants en termes d'information et parfois entropiques (cf. également la Théorie de l'information).

Telle quelle, la conversation s'inscrit également dans la Théorie du chaos. De fait, on ne saurait, au départ, imaginer l'évolution de son contenu qu'en se fondant sur des probabilités et non sur un fil conducteur déterminable avec précision, des petites causes (introduction d'idées simples ou quelconques) pouvant déclencher de larges digressions (analogie indirecte avec l'« effet papillon »).

La conversation privilégiera généralement – sauf situations conflictuelles – les informations qui favorisent son organisation néguentropique. Parallèlement, elle prêtera très peu de crédit aux propos qui n'apportent rien de neuf (ou d'inattendu, cf. Théorie de l'information). Par ailleurs, il arrive fréquemment que, faute d'aboutir à des résultats « organisateurs », les valeurs ou thèmes de réflexion mis en avant pendant un certain temps au cours des échanges soient ensuite remis en question ou abandonnés (similitude avec le processus de sélection naturelle appliqué aux phénomènes culturels). Certains participants n'hésiteront pas, le cas échéant, à récuser les propos qu'ils auront défendus quelques minutes plus tôt, quitte à se trahir eux-mêmes et trahir ceux qui leur avaient emboîté le pas, dans un esprit de « réorganisation » néguentropique.

Il va de soi que le contenu de la conversation est déterminé par un très grand nombre de facteurs d'ordre culturel et comportemental. Comme nous l'avons vu, ces facteurs sont, de près ou de loin, liés à des principes des sciences de la nature (la sélection naturelle s'appliquant aux cultures et comportements). Un de ces facteurs parmi de nombreux autres, mais néanmoins très déterminant, tient à la crainte, pour les intervenants, de « perdre la face », critère de comportement social mis en avant par E. Goffman (1973). Cette crainte, qui peut toucher à des degrés divers l'ensemble des protagonistes, joue souvent un rôle non négligeable dans le déroulement de la conversation et dans l'orientation de son contenu. Suivant les hypothèses développées dans le présent ouvrage, la crainte de perdre la face est, entre autres, liée à la nécessité de maintenir notre degré d'intégration sociale, laquelle intégration constitue, comme nous l'avons vu, un très important facteur d'accès à l'information, d'où son potentiel néguentropique. Et de fait, le maintien à notre profit d'un bon degré d'intégration dans le cercle social propre à la conversation en cours favorise nos échanges avec les autres participants en termes d'acquisition et de transfert d'informations.

Résultats

La conversation constitue un phénomène social montrant, au terme de notre analyse, qu'un certain éventail de principes des sciences de la nature s'applique à des phénomènes ordinairement du ressort des sciences humaines (sciences de l'information et de la communication et sociologie en l'occurrence).

En résumé, on aura noté que la conversation est un système ouvert auto-organisé à l'instar d'une structure dissipative et qu'elle est aussi un lieu d'interactions individuelles, d'intervention de « bruits » et de redondances, de facteurs de chaos, de complexité, d'émergences, de sélection naturelle et, au bout du compte, de dissipation d'énergie. Cela dit, un éventail similaire de principes des sciences de la nature s'applique aussi bien à la vie de tout un chacun en dehors des situations de conversation.

Considérations en marge

Le fait de rédiger un livre comme celui-ci constitue, pour l'auteur, un acte directement lié à la recherche et à l'utilisation d'informations, qui, pour lui, correspondent à une intention – dans un premier temps – de produire de la néguentropie à son profit. Ce faisant, il produit de l'énergie libre dont une partie sera dissipée. En tout état de cause, il s'agit d'une dissipation en cascade, puisque les informations propres au contenu de l'ouvrage sont supposées apporter également des facteurs de néguentropie auprès des lecteurs. Le traitement des sujets, dans cet acte prolongé de rédaction, s'inscrit dans la complexité, mais aussi dans les schémas du chaos (imprévisibilité, au départ, de l'évolution de certains propos). Il y a combinaison, dans le chef de l'auteur, d'*informations acquises* et d'*informations nouvelles*, ces dernières étant issues de facteurs externes en grands nombres (lectures, discussions, expériences sur le terrain, etc.) aboutissant à produire les émergences propres au phénomène d'auto-organisation qu'est la réflexion développée dans les écrits de l'auteur en question. Et, en définitive, un tel ouvrage n'a de raison d'être que s'il apporte des informations innovantes (*informations nouvelles*) aux lecteurs potentiels, informations à potentiel organisateur. D'autre part, le travail de rédaction en lui-même (notamment les lectures préalables d'informations contribuant à l'argumentation et les efforts cérébraux de conceptualisation du texte tant dans la forme que sur le fond) ainsi que l'utilisation du traitement de texte sur ordinateur et les contacts verbaux avec des amis de bon conseil constituent autant de facteurs de production et de dissipation d'énergie.

D'autre part, comme nous l'avons vu, il importe que l'information véhiculée socialement soit aussi innovante que possible pour jouer pleinement son rôle néguentropique. Les composants culturels propres à chaque individu s'inscrivent dans l'ordonnancement des valeurs et des codes spécifiques aux « sous-écosystèmes sociaux » auxquels ils appartiennent. L'état homéostatique évolutif de ces sous-écosystèmes sociaux (structures dissipatives auto-organisées) implique qu'il émerge régulièrement en leur sein des informations organisatrices (si possible à caractère innovant). On peut avancer l'hypothèse que les conversations verbales et écrites ont régulièrement pour fonction directe ou indirecte de véhiculer une part non négligeable de ces informations organisatrices. Tel est, par exemple l'objet des citations d'auteurs ou de défenseurs de valeurs spécifiques que nos « amis » affichent régulièrement sur les murs de Facebook : on peut considérer que ces citations ont pour fonction implicite – en général parfaitement ignorée de ceux qui les postent – de rappeler ou de préciser le contenu de valeurs contribuant, de près ou de loin, à favoriser le maintien homéostatique des « sous-écosystèmes sociaux » (les strates) auxquels ils appartiennent. Ces textes sont « *likés* » par la catégorie des individus, appartenant aux strates concernées par ces valeurs, et bien souvent ignorés (voire méprisés) par les membres du réseau appartenant à des strates différentes, lesquelles sont organisées via d'autres types de valeurs (informations innovantes différentes). Enfin, les prises de position morales, politiques et autres esthétiques postées sur divers réseaux sociaux visent à susciter des conversations et/ou des adhésions. Il s'agit alors, dans le chef de l'intervenant, d'introduire des propos qu'il considère comme étant *in fine* des facteurs d'organisation ;

ils prennent souvent la forme de « bruits », à savoir, en l'occurrence, des propos à caractère supposément innovants ou perturbateurs et censés entraîner des réactions organisatrices en cascade (ou désorganisatrices dans un but de réorganisation conséquente).

Chapitre X

Propos sur le bien-être

Bien-être et organisation

Nous avons considéré divers exemples d'application de la loi MaxEP à des phénomènes ordinaires de la vie quotidienne. Parmi les sujets qui n'ont pas été évoqués, mais qui sont de nature à être concernés par cette loi, figure l'une des préoccupations majeures de nos contemporains – si l'on en juge par le grand nombre de livres, d'articles, d'approches pseudo-philosophiques et de coachings de divers types qui lui sont consacrés – à savoir la question du bien-être et des dispositifs permettant de l'atteindre. Voyons comment l'aborder.

De prime abord, le bien-être se présente comme un concept difficilement cernable dans la mesure où il s'assimile à ces notions « floues » dont il a été question au chapitre VIII, à savoir des notions modulables et non objectivables et, en l'espèce, sujettes à de très nombreuses interprétations. Toutefois, ce concept peut, dans une certaine mesure, faire l'objet d'une approche du type sciences de la nature, pour autant, par exemple, qu'il soit défini par référence à des processus d'acquisition d'informations et de production de dissipation d'énergie.

Selon l'approche qui sera mise en avant dans les lignes qui suivent, la capacité à installer durablement des états d'organisation (néguentropie) solides face aux effets des états de désorganisation (entropie) successifs qui s'imposent constamment à nous constitue la clé essentielle du bien-être. Et cette capacité d'organisation/néguentropie est directement liée à l'optimisation du traitement des informations auxquelles nous pouvons accéder. Ce souci d'organisation, porteur de bien-être, est présent à tous les moments de la vie et en tous lieux.

C'est déjà le cas du petit enfant lorsqu'il porte les objets à la bouche, lorsqu'il les jette, lorsqu'il les manipule en tous sens : il se comporte de manière à traiter et à accumuler un maximum d'informations. Le bagage d'informations accumulées par l'enfant lui permettra de produire de la néguentropie en volume suffisant, à son niveau, pour optimiser sa production d'énergie libre ainsi que son organisation. Les enfants les mieux informés, grâce aux niveaux intellectuel et de communication du milieu dans lequel ils vivent et à leur assiduité à acquérir de la connaissance transformable en production de néguentropie sont bien souvent ceux qui auront le plus de possibilités de se débrouiller favorablement dans la suite de l'existence. De même, le chien qui s'en va renifler les odeurs s'emploie à emmagasiner un maximum d'informations.

Information et milieu

Comme il a été rappelé à plusieurs reprises, l'homme fait partie intégrante de son milieu (au sens large : l'écosystème global et le sous-écosystème social auquel il appartient), qui est la source de toutes ses informations. Si son comportement ne favorise pas son adaptation audit milieu, la sélection naturelle va le mettre à l'écart (le comportement faisant l'objet de cette sélection, cf. chapitre IV). En revanche, plus il contribuera, à son niveau, à l'homéostasie/organisation – position éloignée de l'état d'équilibre – du milieu auquel il appartient (structure familiale, cercle d'amis, strate sociale, structure professionnelle, etc.), plus il sera susceptible d'être favorisé par les facteurs sélectifs qui régissent ce milieu. Une bonne connaissance du fonctionnement et de l'évolution de son environnement (humain et non humain) doit permettre à l'individu d'optimiser à son profit les informations qui en proviennent et d'y adapter son comportement d'une manière aussi favorable que possible. Cet environnement (notre écosystème) est un lieu d'échange continu d'informations entre tous ses éléments constitutifs. Chaque individu est l'un de ces éléments, l'un des « nœuds » de l'extraordinaire réseau de communication de l'écosystème. Une prise de conscience de ce lien étroit avec l'environnement constitue sans aucun doute un important facteur d'organisation (au sens où nous l'entendons dans cet ouvrage) individuelle, ledit environnement étant le lieu causal de tout ce que nous faisons au quotidien.

Il s'agit avant tout de chercher à « faire le plein » d'informations sur cet environnement, à s'ouvrir en tout temps et en tous lieux à un maximum d'*informations nouvelles*, même – et surtout ! – aux moments où nous subissons du mal-être. La recherche du bien-être implique une quête continue d'informations à caractère néguentropique et innovantes : elle est un plaidoyer pour la Connaissance en général.

Suivant cette manière de voir, le bien-être ne relève pas de comportements durables de détachement par rapport à l'environnement. Il n'est donc pas certain que les comportements et techniques d'isolement récurrent (postures de méditation ou périodes prolongées de solitude) contribuent véritablement et durablement à notre bien-être, dans la mesure où ces techniques et comportements nous coupent et nous éloignent régulièrement de l'information fournie par l'environnement. Se tenir à l'écart de l'évolution de ce dernier peut nuire à l'approvisionnement en *informations nouvelles* et à caractère innovant (productrices de néguentropie) et, partant, à la possibilité de contrer efficacement les effets de la désorganisation/entropie à notre égard.

La récompense

L'apport de facteurs de néguentropie issus de l'approvisionnement en information a pour conséquence, on le sait, que les structures dissipatives que nous sommes soient en état de stabiliser ou de diminuer dans l'immédiat les effets, à leur égard, de l'entropie croissante (et, ce faisant, de demeurer durablement éloignées de l'état d'équilibre). Cet apport de facteurs de néguentropie – nous permettant d'optimiser notre production d'énergie libre, dont une partie sera dissipée – constitue nécessairement un facteur fortement déterminant de notre comportement. Il est vraisemblable que l'attrait pour cet apport soit en partie renforcé par notre « centre (ou système) de récompense » et engendre ce qu'il est convenu d'appeler un « état de satisfaction » (pouvant correspondre à la libération de neurotransmetteurs et d'hormones). On peut donc effectivement parler de bien-être ou de mieux-être.

En tout état de cause, le système de récompense est considéré comme fournissant la motivation nécessaire au maintien des individus durablement éloignés de l'état d'équilibre, d'où son rôle éminemment organisateur.

La Connaissance

De ce qui précède, on peut inférer qu'une clé essentielle du bien-être se situe dans l'ouverture continue sur un large éventail d'informations de divers types. En nous appuyant sur la loi MaxEP, nous pouvons supposer que plus cet éventail sera large, mieux il permettra de produire de l'organisation favorable à une maximisation d'externalisation d'entropie.

Une large gamme de connaissances et d'expériences variées se concrétise en un large registre d'*informations acquises*, lesquelles nous sensibilisent à un champ plus vaste de facteurs d'*informations nouvelles* innovantes, favorables à une optimisation de notre production de néguentropie : la Connaissance possède un puissant pouvoir organisateur. Ce constat explique sans doute, en grande partie, pourquoi les individus les plus éduqués s'en sortent ordinairement le mieux en termes d'organisation et aussi de survie (ils vivent en moyenne plus longtemps). Ils sont aussi souvent ceux qui dissipent le plus d'énergie en cascade. En tout état de cause, un bon bagage de Connaissance aide à mieux saisir le contenu des informations en circulation et à en tirer le meilleur parti possible en termes d'organisation ; il contribue aussi à rejeter avec davantage de discernement les informations désorganisatrices. Si, avec l'appoint de la Connaissance, le renforcement de nos *informations acquises* est d'un apport très précieux, c'est tout simplement parce qu'il est de nature à favoriser la maximisation de notre externalisation d'entropie.

L'importance de l'information inédite et innovante en tant que facteur de néguentropie et, corollairement, de bien-être, conduit à récuser les attitudes et prises de position du type « c'était mieux avant », postures de stagnation contraires à l'adaptation aux évolutions du milieu. Les lois de la thermodynamique impliquent que l'Univers se transforme en permanence, et ce, conjointement à la croissance de plus en plus rapide de la dissipation globale d'énergie. Comme nous l'avons vu, cette croissance constante de dissipation d'énergie conditionne l'évolution de nos comportements et de nos valeurs culturelles (les meilleurs facteurs maximisateurs de dissipation d'énergie sont favorisés par la sélection naturelle) et requiert, pour leur adaptation à cette évolution, une mise à jour permanente desdits comportements et valeurs. Les valeurs anciennes correspondent à un état éphémère de l'évolution thermodynamique de notre milieu, celui d'une époque où la dissipation d'énergie était moindre et s'effectuait à un rythme plus lent. Dans ces conditions, il est clair que ce qui était « bien avant » ne peut plus servir aujourd'hui de référence essentielle, pour de simples questions d'adaptabilité à un monde qui se transforme de plus en plus vite. Les informations porteuses de valeurs anciennes ont bien souvent perdu une part importante de leurs qualités organisatrices et, bien entendu, la totalité de leur caractère innovant. La connaissance de ces valeurs anciennes n'est au fond vraiment utile que dans la mesure où elle permet de mieux comprendre les causes à l'origine des valeurs actuelles et, partant, de mieux gérer ces dernières en termes d'information.

D'autre part, l'exactitude des informations auxquelles nous prêtons attention, et de celles dont nous sommes les transmetteurs dans la vie courante, contribue à affiner notre expertise dans nos domaines d'excellence (d'où une possibilité de mieux nous affirmer sur le marché professionnel, mais aussi de parfaire notre crédibilité en société – atouts qui constituent des facteurs d'intégration sociale favorables à notre bien-être). Cette exactitude requiert de notre part un souci aussi constant que possible d'affiner notre sens critique. Idéalement, nous devrions passer quasi systématiquement les informations que nous accueillons et que nous transmettons au crible d'une analyse de cohérence très pointue. Ce travail d'analyse suppose de notre part que nous demeurions sceptiques devant tout énoncé susceptible de ne reposer sur aucun processus de preuve, au sens où on l'entend en sciences de la nature. Les jugements de valeur, notamment, se devraient d'être étayés selon des argumentations aussi construites que possible. Le principe d'exactitude requiert également d'éviter autant que possible les développements d'idées fondées sur des postulats ou des vocables porteurs de valeurs « floues », modulables et non objectivables (cf. chapitre VIII). Force est de reconnaître que la philosophie, la morale et, dans une mesure non négligeable, diverses disciplines des sciences humaines fondent encore très régulièrement leurs exposés sur de tels vocables. En l'espèce, le terme « bonheur » est un excellent exemple : il est si « flou » que l'on se perd à en débattre le sens depuis des temps immémoriaux, et ce, sans jamais aboutir à le définir d'une manière durable et incontournable, à défaut de pouvoir en « réduire » la signification (au sens où l'on entend la notion de « réduction » en langage scientifique). Cela étant, ne nous leurrons pas, le bien-être – notion apparentée de près ou de loin à celle de bonheur – constitue également un concept difficilement mesurable (cf. début du présent chapitre), sinon en termes médicaux ou éventuellement en termes de sciences cognitives. Sans doute l'approche développée dans le présent chapitre peut-elle contribuer à mieux cerner les contours de cette notion.

En conclusion, notre vision du bien-être prêche globalement pour une philosophie de « pleine connaissance » (à ne pas confondre avec le principe éloigné de « pleine conscience »).

Information, sciences de la nature

Nous avons mentionné l'importance – dans le contexte de sa contribution au bien-être – des informations à caractère innovant. Les valeurs et croyances traditionnelles, généralement figées dans leurs certitudes, encroûtées dans leurs dogmes en dépit des transformations incessantes du monde qui les entoure, sont rarement productrices de telles informations (étant fortement redondantes) ; dès lors, leur contribution à la production de néguentropie est faible et peu productrice de dissipation d'énergie (externalisation d'entropie). On le voit avec les religions qui se sont développées en Occident : la désaffection des pratiquants ne cesse de croître en raison de l'inadaptation des croyances à l'évolution du monde (on constate, ici encore, une intervention du facteur sélection naturelle à l'égard de valeurs culturelles). La présence croissante de l'Islam en Occident n'est pas le fait des Occidentaux eux-mêmes ; la religion musulmane demeure apparemment adaptée à l'évolution des valeurs dans d'autres régions du monde nettement moins productrices de dissipation d'énergie, mais s'adapte difficilement à notre société occidentale, fortement productrice de dissipation d'énergie.

Les sciences de la nature sont fondamentalement « progressistes », cherchant constamment à aller plus loin dans la compréhension des phénomènes de notre environnement, ordinairement prêtes à se remettre en question à la moindre faille. Ces sciences – et notoirement la microphysique – sont à la base de l'évolution technologique. Étant donné que la technologie constitue désormais l'un des outils essentiels de la dissipation maximisée de l'énergie, il est important de s'ouvrir autant que possible aux informations qui s'y rapportent. Car, comme nous l'avons déjà souligné, les outils sont des produits fabriqués par la nature via les humains, et ils le sont pour lui permettre de dissiper de plus en plus d'énergie. De tout temps, l'homme a dû apprendre à manipuler de nouveaux outils (matériels ou intellectuels) en vue de produire davantage d'énergie libre ; ceux qui ne se sont pas adaptés à ces apprentissages ont bien souvent été mis sur la touche pour leur incapacité à dissiper un taux suffisant d'énergie. *En définitive, la capacité à optimiser de la dissipation d'énergie – liée à la production de néguentropie par voie d'approvisionnement en information – constitue, suivant notre approche, l'atout fondamental du bien-être (et peut-être l'objet même de sa définition).* Il y a tout lieu de chercher à s'adapter au mieux à l'utilisation des nouveaux outils matériels et intellectuels, adaptation qui nécessite, d'une manière peut-être prioritaire, une large ouverture aux informations d'ordres scientifique et technologique. Car, à moyen ou plus long terme, l'homme aura de plus en plus de difficultés à constamment produire davantage d'énergie libre pour dissiper un maximum d'énergie. Comme nous l'avons mentionné au chapitre VII, il recourra aux outils de plus en plus sophistiqués que sont les robots, dont, comme il l'a également été souligné dans cet ouvrage, le rôle essentiel consiste précisément à compléter, en les maximisant, les capacités de dissipation d'énergie des individus.

En résumé, notre bien-être implique avant tout une bonne ouverture sur l'information au sens très large (dont l'information de type Connaissance que nous avons appelée information « restreinte ») et en particulier sur l'information à caractère innovant (cf. Théorie de l'information, chapitre II). En règle générale, l'information de type Connaissance favorise la compréhension du fonctionnement de notre environnement (humain et non humain) et des liens étroits que nous entretenons avec lui. Cette compréhension constitue sans aucun doute un important facteur d'organisation (au sens où nous l'entendons dans cet ouvrage) individuelle, ledit environnement étant le lieu causal de tout ce que nous faisons au quotidien et de notre devenir. Par ailleurs, il va de soi que l'acquisition d'informations favorables au bien-être, dans la mesure où le terme information s'entend au sens très large, consiste également dans un bon accès aux ressources en énergie-matière (comme nous l'avons vu au chapitre II, les mécanismes énergétiques sont consubstantiels avec des mécanismes d'information). Bien souvent, mais assurément pas toujours, plus on possède de bagages d'informations en termes de Connaissance, plus l'accès aux ressources en énergie et en matière est facilité, puisque ces bagages contribuent régulièrement à situer ceux qui le possèdent dans les strates sociales économiquement les mieux favorisées (qui sont aussi les meilleures productrices d'énergie libre et, partant, de dissipation d'énergie). En tout état de cause, comme nous l'avons souligné, les informations auxquelles nous prêtons attention se doivent d'être, autant que possible, constamment actualisées et soumises à une analyse critique pointue, de manière à jouer un rôle efficace en termes de néguentropie.

Infothérapie

L'accès au bien-être pourrait être stimulé par une forme d'« *infothérapie* » (néologisme) régulière. Celle-ci pourrait s'effectuer via des structures d'aide à l'accès aux informations à caractère néguentropique spécifiquement adaptées à chaque individu, et ce, en fonction de paramètres personnels (liés notamment à l'appartenance de l'individu à tel ou tel milieu social, à ses centres d'intérêt, etc.). L'accent y serait mis sur l'ouverture à l'information à caractère innovant (facteur de néguentropie, comme nous l'avons souligné par ailleurs), sur l'utilité d'éviter, par ce biais, toute stagnation dans la Connaissance (facteur de redondance et d'accroissement d'entropie) et sur le sens critique fondé sur une capacité d'analyse cohérente aussi pointue que possible. Peut-être ces structures d'« infothérapie » se développeront-elles un jour. Leur mise sur pied est des plus souhaitables, l'information étant appelée à prendre une importance sans cesse croissante en tant qu'agent producteur d'organisation néguentropique et, partant, d'énergie libre en quantité adéquate à une maximisation de dissipation d'énergie adaptée à l'évolution – sous toutes ses formes – de l'environnement. L'« infothérapeute » devra notamment posséder une excellente connaissance des différents types de milieux socioculturels du pays ou de la région où il effectue ses prestations. Il devra aussi être capable de mener des séminaires d'érudition générale complétés de séances régulières de mise à jour des connaissances (*informations nouvelles*). L'infothérapeute sera avant tout un formateur culturel, un « formateur à l'information », un formateur à la « pleine connaissance ».

Chapitre XI

La substantifique moelle

On trouvera ci-après un relevé condensé des idées maîtresses du présent ouvrage.

– Les structures dissipatives sont des systèmes ouverts qui modifient les taux d'entropie. Les organismes animés sont des structures dissipatives ; il en va de même de l'écosystème global (la Terre) et ses sous-écosystèmes sociaux, des cultures et des comportements, du climat ou encore des robots. L'homme est une structure dissipative. En tant que tel, il est régi dans son fonctionnement et son comportement par les principes de la thermodynamique.

– Ces principes et leurs corollaires (dont la loi MaxEP) impliquent que l'Univers est conduit à accroître sans cesse sa dissipation d'énergie (sa production d'entropie).

– En tant qu'élément de l'Univers également soumis aux principes de la thermodynamique et à leurs corollaires, la structure dissipative qu'est notre écosystème global (la Terre) est aussi astreinte à accroître constamment sa dissipation d'énergie : elle le fait notamment avec le concours des organismes animés, dont l'homme. Suivant notre hypothèse, l'homme est, de ce fait, également conduit à maximiser autant que possible sa dissipation d'énergie.

– Du point de vue thermodynamique, le processus régissant le fonctionnement et le comportement de la structure dissipative homme est : apport de ressources en énergie-matière et/ou en informations issues de l'environnement => production de néguentropie => production d'énergie libre => dissipation d'une partie de cette énergie.

– L'apport d'énergie-matière est consubstantiel à l'apport d'informations. L'apport et le traitement d'informations sont des facteurs primordiaux de maximisation de dissipation d'énergie.

– Selon notre définition, l'organisation consiste dans tout processus de traitement d'informations permettant à une structure dissipative de se maintenir durablement éloignée de l'état d'équilibre. L'organisation est un état néguentropique, la désorganisation un état entropique.

– La dissipation d'énergie – que toute structure dissipative est appelée à maximiser autant que possible – correspond à une évacuation de production d'entropie dans l'environnement. À toute production d'entropie correspond, d'une manière concomitante, une production de néguentropie. Dès lors, tout état de désorganisation enclenche, à terme, un état d'organisation (ou, dans le fil des événements, de réorganisation). Pour une structure dissipative – structure qui se comporte généralement de manière à demeurer éloignée de l'état d'équilibre – il y a lieu de produire continuellement de la néguentropie pour contrer l'entropie qui s'impose constamment à elle. Cette production de néguentropie étant toujours éphémère, il en va donc de même de tout état d'organisation. Il en résulte que l'existence est une succession continue d'états d'organisation, de désorganisation et de réorganisation (et ainsi de suite). Cette succession d'états s'impose à tous les moments de notre vie et détermine le cours de celle-ci au quotidien.

– L'état de réorganisation succédant à un état de désorganisation est obtenu par la survenue d'un « bruit », à savoir un facteur de « rupture », consistant dans l'apparition d'une nouvelle structure dissipative (« matérielle » ou immatérielle). C'est ce « bruit » réorganisateur que nous appelons ici information (au sens générique). Du reste, l'information étant la ressource à la base de la production de néguentropie, elle est, *de facto*, l'outil par excellence de l'organisation (et de la réorganisation).

– La notion la plus courante du terme information, à savoir « fait ou jugement qu'on porte à la connaissance d'une personne, d'un public à l'aide de mots, de sons, d'images » (cf. Petit Robert, 2013), constitue notre définition de l'information au « sens restreint ». Selon la Théorie de l'information, plus une information est au départ improbable, plus elle est potentiellement productrice de néguentropie (d'états d'organisation). Tel est le cas des informations à caractère inédit ou innovant. L'information au « sens restreint » et au « sens de la Théorie de l'information » est constitutive de bruits à caractère (ré)organisateur ; elle s'inscrit dans la définition de l'information au « sens générique ».

– C'est parce que l'émergence d'innovations (informations à caractère inédit ou inattendu) constitue un facteur essentiel d'états d'organisation/néguentropie (« organisation par le bruit »), et notamment de l'état d'organisation de notre système socio-économique, que nous assistons à la création constante de nouveaux produits et de nouvelles structures. La dissipation d'énergie (évacuation d'entropie) s'effectuant d'une manière accélérée, la production de néguentropie (états d'organisation) s'effectue également d'une manière accélérée. Il en résulte une création/émergence sans cesse accélérée de nouveaux produits et de nouvelles structures.

– Les informations qui régissent notre organisation se répartissent en *informations acquises* (informations accumulées et mémorisées) et *informations nouvelles* (informations qui nous parviennent dans l'instant présent). De la conjugaison de ces deux types d'informations résultent des émergences qui, en tant que données innovantes, peuvent constituer les bruits (ré)organisateurs.

– Tout instant, quant aux informations dont il est porteur, est une émergence issue de la combinaison d'informations propres aux instants antérieurs.

– L'homme fait partie intégrante de l'écosystème (milieu humain et non humain). Son fonctionnement et son comportement sont régis par ses relations avec celui-ci, en tant qu'il est le fournisseur de nos informations.

– Quand nous participons à la « destruction » de l'environnement, c'est en fait l'environnement lui-même qui s'autodétruit, étant donné que nous sommes des éléments – parties intégrantes – de celui-ci. En d'autres termes, on peut concevoir que c'est l'environnement qui conduit l'homme (entre autres) à l'« agresser », dans un processus continu de désorganisation préalable à de la réorganisation, processus sujet à des « bruits réorganisateurs ».

– Un écosystème est un lieu d'interactions entre les populations des différentes espèces vivant dans un même site. Les principes qui régissent l'écosystème global s'appliquent largement aux sous-écosystèmes sociaux. Les « espèces » constitutives des sous-écosystèmes sociaux sont les métiers, les rôles, les strates socio-économiques et socioculturelles, et les différents types de cultures et de comportements (tous fondés sur des acquisitions d'informations en qualités et quantités diverses). Toutes ces « espèces » sont des structures dissipatives. La sélection naturelle favorise lesdites « espèces » les mieux adaptées aux évolutions des structures écosystémiques auxquelles elles appartiennent.

– L'homme, structure dissipative, résulte historiquement d'une succession infinie d'émergences productives de structures dissipatives. Il est un organe du plus grand organe qu'est l'espèce humaine, laquelle est un organe du plus grand organe qu'est l'écosystème global. L'identité individuelle n'existe pas indépendamment du milieu environnemental dont tout individu fait partie intégrante.

– La sélection naturelle favorise les individus qui maximisent au mieux de la dissipation d'énergie, à savoir ceux qui traitent au mieux l'information (fournie par l'environnement). Ceci explique également pourquoi la société humaine produit des outils technologiques de plus en plus performants en termes de traitement et de diffusion d'informations et de production d'énergie libre (il n'est donc pas surprenant que les technologies de l'information connaissent un essor sans cesse accru). Par ailleurs, on a pu remarquer que les groupes sociaux – dont les États – qui dissipent le plus d'énergie sont ceux qui se portent le mieux sur le plan économique.

– La sélection naturelle favorise également les entités sociales qui maximisent le plus efficacement et le plus rapidement leur dissipation d'énergie. Cette maximisation implique une croissance économique constante et, simultanément, une consommation d'énergie soutenue.

– D'un point de vue thermodynamique, la sélection naturelle s'applique à l'information traitée par les structures dissipatives et non à ces structures elles-mêmes. L'information génétique et l'information liée aux repères et valeurs culturelles font, en milieu humain, partie des principales formes d'information auxquelles s'applique la sélection naturelle. Celle-ci s'applique également aux comportements dès lors qu'ils sont, de même, déterminés par des ensembles d'informations.

– Comme elle s'exerce sur les dispositifs par lesquels les structures dissipatives traitent l'information (au profit d'une maximisation de dissipation globale d'énergie), la sélection naturelle tend à favoriser, en particulier, les meilleurs états d'organisation (l'organisation consistant, selon notre définition déjà mentionnée plus haut, dans tout processus de traitement d'information permettant à une structure dissipative de se maintenir durablement éloignée de l'état d'équilibre – en évacuant de l'entropie).

– Si l'humanité s'avérait, à la longue, inapte à maximiser à suffisance de la dissipation d'énergie (par manque d'informations adéquates préalables), elle se verrait éliminée par la sélection naturelle. En tout état de cause, l'humanité ne constitue qu'un « moment » dans l'histoire de la Terre et de son organisation.

– Le fil de causalité qui définit le cours de l'existence de la structure dissipative homme (entre autres) consiste fondamentalement dans une succession permanente – déjà évoquée ci-dessus – d'états d'organisation (ordre, néguentropie), de désorganisation (désordre, entropie) et de réorganisation correspondant à des modifications de taux d'entropie. Cette succession d'états est émaillée de bruits/ruptures.

– Un algorithme se définit comme étant une succession, dans un ordre déterminé, d'instructions (ou d'étapes) permettant d'obtenir un résultat spécifique. Le schéma de base du comportement des structures dissipatives, à savoir : énergie/information issues de l'environnement => production de néguentropie => production d'énergie libre => dissipation d'énergie (cf. loi MaxEP), est un schéma de type algorithmique.

– Si l'on considère que l'Univers fonctionne à la manière d'un ordinateur, il doit, en principe, fonctionner d'une manière algorithmique. Chez l'humain, l'ordinateur est principalement le cerveau, organe central de traitement d'informations : les *informations acquises* par celui-ci sont constitutives de programmes récurrents qu'il traite sous forme d'algorithmes.

– Le fonctionnement et le comportement des structures dissipatives s'inscrivent dans un traitement continu d'informations. L'information est également un facteur de production de structures dissipatives. Toute structure dissipative (« supérieure ») applique un « programme » de sélection naturelle aux structures dissipatives (« inférieures ») dont elle est à l'origine. La sélection naturelle est un programme de traitement de l'information, traitement qui se concrétise dans le déclassement des outils/organes des structures dissipatives inférieures par des structures dissipatives supérieures (en fonction du taux de dissipation d'énergie produit par les premières).

– Le comportement humain est articulé sur des schémas algorithmiques : nos actes s'articulent, dans un ordre déterminé, sur des suites d'instructions débouchant sur des résultats (la production d'actes).

– La similarité des comportements dans un milieu culturel donné (qui peut aussi être celui d'une strate sociale ou d'un type de métier) est due à des algorithmes communs. L'éducation peut se définir comme étant la structure d'apprentissage d'un ensemble d'algorithmes (informations/instructions à caractère néguentropique) et la culture comme une structure de codification d'un ensemble d'algorithmes particuliers à un milieu donné.

– Si, en macrophysique, tout ce qui se produit s'inscrit dans un fil de causalité, rien ne devrait s'y produire *ex nihilo* ; d'où, selon nous, l'inexistence du libre arbitre (entre autres, phénomènes supposés se produire *ex nihilo*).

– Les phénomènes et mécanismes du fonctionnement et du comportement humains sont largement régis par la loi MaxEP et ses prolongements. En fait, les structures dissipatives qui réussissent le mieux sur le plan de l'organisation sont celles qui optimisent particulièrement bien la maximisation de leur dissipation d'énergie.

– Les structures politiques, financières, juridiques, culturelles et de santé mises en place par la société visent implicitement à favoriser l'accès des citoyens aux ressources matérielles et immatérielles propices à leur organisation ; elles sont censées contribuer à maintenir un état social aussi favorable que possible à une bonne dissipation globale d'énergie.

– Il existe très fréquemment un lien étroit entre les revenus des individus (et des groupes sociaux) et les taux de dissipation d'énergie qu'ils produisent individuellement ou en cascade, les plus grands dissipateurs accédant aux situations financières les plus favorables ; les plus nantis peuvent accéder au plus grand éventail de ressources (énergie, matière, information), accès leur offrant des moyens supplémentaires de production d'énergie libre et donc de maximisation de dissipation d'énergie.

– Une stagnation ou une décroissance de l'économie dans un pays ou une région donnés correspondent habituellement à un ralentissement ou une diminution de la dissipation d'énergie.

– L'accélération globale de la dissipation d'énergie a abouti à augmenter constamment le volume de travail (production d'énergie libre) au niveau de l'ensemble de la société. Ce sont les lois de la thermodynamique et leurs corollaires qui déterminent, à la base, les processus d'évolutions économique et politique.

– Le rôle de l'information en tant que facteur essentiel de néguentropie/organisation trouve des applications dans l'ensemble des situations de la vie quotidienne, notamment sur les plans de l'emploi, des relations sociales, affectives et de l'éducation.

– Si un individu limite sa dissipation d'énergie, il risque d'être mis à l'écart du groupe social s'il entre en compétition avec d'autres individus meilleurs « dissipateurs ». En cas de rupture d'informations, toute structure dissipative bascule dans un état de désorganisation. C'est notamment pour cette raison que nous sommes à tout moment en quête d'informations. Toute rupture d'information entraîne la dégénérescence partielle ou totale d'une structure dissipative.

– Chacune des « espèces » constitutives des sous-écosystèmes sociaux (les strates sociales, les métiers) développe ses propres « valeurs » culturelles. Les strates sont fortement cloisonnées ; elles sont hiérarchisées en fonction des types d'information qui circulent au sein de chacune, autrement dit en fonction du taux de dissipation d'énergie qu'elles sont capables de produire séparément (à partir de ces informations). La structure du système social est de nature fortement fractale.

– Les strates les moins capables d'innover se voient progressivement mises sur la touche par la sélection naturelle (défaut de production de néguentropie). Les mieux informées, qui sont aussi les plus innovatrices, sont généralement les mieux à même d'accéder aux ressources (matière, énergie, information).

– À l'instar des gènes qui assurent leur pérennité en se constituant en corps (tel le corps humain), les hommes assurent leur survie en se constituant en corps sociaux.

– On peut concevoir que l'accroissement démographique est lié à l'accélération continue de la dissipation globale d'énergie.

– Le développement technologique – dont l'informatique et la robotique – contribue à assurer une maximisation croissante de dissipation d'énergie (d'où son essor). On peut s'attendre à ce que les humains soient, au fil du temps, équipés corporellement de plus en plus d'éléments technologiques leur permettant de maintenir ou d'accroître durablement leurs capacités physiques et mentales et, partant, leurs performances en termes de production d'énergie (dont une partie sera dissipée d'une manière aussi maximisée que possible).

– Les hypothèses transhumaniste et posthumaniste s'inscrivent dans une évolution vers une maximisation toujours accrue de la dissipation d'énergie.

– Les robots sont des structures dissipatives. Le jour où ils arriveront à réaliser à eux seuls la part de dissipation d'énergie produite par les humains (et, possiblement, une part supérieure) au service du maintien homéostatique de l'écosystème, la sélection naturelle pourrait progressivement éliminer l'humanité au profit des robots, surtout s'il advient que ces derniers soient un jour capables de se multiplier sans l'intervention de l'homme.

– La mutation en cours s'exprime en particulier dans la « culture jeune », fortement axée sur les technologies numériques. Cette mutation se fait notamment aux dépens des formes intellectuelles de la culture des anciens. L'ère numérique constitue une rupture (un « bruit réorganisateur ») dans l'évolution historique (et culturelle) humaine.

– Suivant notre approche théorique globale, l'intelligence pourrait se définir comme l'aptitude à optimiser au mieux de la dissipation d'énergie. Dès lors, l'intelligence des robots n'aurait rien à envier à celle des humains.

– Les pouvoirs politique et économique tendent de plus en plus à se déplacer des gouvernants élus vers les leaders du Big Data que sont à l'époque actuelle (2017) les GAFAM (Google, Apple, Facebook, Amazon, Microsoft). Ceux-ci sont, semble-t-il, plus à même, que nos structures dirigeantes traditionnelles, de produire des outils favorisant l'innovation et une maximisation plus efficace de la dissipation d'énergie.

– Les outils algorithmiques sont appelés à jouer un rôle de plus en plus important dans la gestion des États et de toute autre entité sociale. Cette évolution s'inscrit dans une certaine continuité logique dès lors que le comportement humain semble, par essence, suivre des schémas algorithmiques.

– Dès lors que l'outil est une création de la nature à travers l'homme, le robot est un produit « naturel » engendré par l'homme. En tant qu'outil-individu, il s'inscrit donc, d'une certaine manière, dans la filiation naturelle de l'homme.

– Dans la mesure où les corps humains pourraient être progressivement « robotisés » par l'intégration graduelle d'éléments de haute technologie, on peut se demander où se situera alors le seuil de différenciation entre les humains organiquement « technologisés » et les véritables robots (et ce, d'autant plus s'il advient que l'algorithmique complexe qui régit les comportements et les capacités humaines ainsi que les valeurs qui les gouvernent – en ce, inclus les parts d'invention et d'imagination humaines – puisse un jour être introduite dans les programmes qui génèrent les comportements des robots).

– Le potentiel d'innovation et les gains de productivité de l'économie dite collaborative jouent sans doute un rôle non négligeable dans la maximisation de dissipation d'énergie.

– Les valeurs circulant dans la société constituent des formes d'information qui sont censées jouer, en tant que telles, sur les plans individuels et sociaux, des rôles d'organisation/néguentropie avec pour effet d'évacuer de l'entropie.

– La liberté d'expression, qui appartient au champ des valeurs démocratiques, favorise notamment l'émission, d'un large éventail d'informations dotées d'un pouvoir néguentropique, organisateur et innovateur. Si cette liberté est muselée (limitation de l'accès à un champ d'information large), il s'instaure généralement, à terme, un état de désorganisation/entropie durable.

– La violence (pratique largement régie par des facteurs culturels) fait régulièrement partie de l'attirail des formes d'information (au sens générique) à caractère néguentropique, en tant que « bruit » potentiellement réorganisateur.

– Les lois physiques ne répondent à aucune intentionnalité (valeur téléologique). Il en va de même de l'écosystème et du comportement de l'homme, en tant que ceux-ci sont régis par ces lois. Maximiser de la dissipation d'énergie ne constitue pas un but en soi : il s'agit d'un fait physique parmi d'autres, favorisé par la sélection naturelle ; l'existence individuelle n'a pas de « sens » en soi, si ce n'est qu'elle participe à l'homéostasie de l'écosystème global.

– Les valeurs culturelles, en tant qu'elles sont assimilables à des structures dissipatives, font également l'objet de la sélection naturelle. Les valeurs éthiques, en particulier, n'ont intrinsèquement d'autre objet que de contribuer à installer ou à maintenir des conditions d'organisation/néguentropie débouchant, après coup, sur une maximisation de dissipation d'énergie. Lorsqu'elles n'y contribuent pas (ou plus), elles sont régulièrement remises en question (rejetées par la sélection naturelle). Certaines valeurs d'ordre esthétique subissent le même sort par effet de redondance, l'innovation jouant généralement, dans ce domaine, un rôle d'information réorganisatrice.

– Une remise en question impromptue ou sur un très court délai de valeurs fermement ancrées dans la société depuis des décennies ou davantage peut se produire dans une situation de désorganisation durable, au cas où le caractère immobiliste ou redondant de ces valeurs nuit à l'instauration d'un climat d'innovations (ré)organisateur ou d'un « bruit réorganisateur » ressentis comme nécessaires. Tel est, par exemple, le cas dans des périodes de grands chambardements, lors des poussées rapides de partis d'extrême droite ou des élections surprises comme celle de D. Trump en 2016, qui font montre (notamment) d'une remise en cause de certaines valeurs humanistes ou de solidarité ordinairement bien établies.

– De nombreuses valeurs éthiques et politiques prédominantes dans notre société sont faites de concepts et de formules éculés que l'on continue, aujourd'hui encore à promouvoir dans un monde de plus en plus différent de celui où ces concepts et formules avaient des raisons d'être. Une remise en cause très approfondie d'un grand nombre de valeurs conservatrices et obsolètes s'impose si l'on veut maintenir un niveau d'organisation compatible avec la mutation civilisationnelle en cours.

– Les « valeurs » économiques de croissance, de consommation et de productivité sont directement liées à la production d'énergie libre, dont une partie pourra être dissipée d'une manière aussi maximisée que possible. Les taux liés à ces « valeurs » font aussi l'objet de la sélection naturelle ; ils sont soumis à des impératifs de développement continu en raison de l'accélération de la maximisation de dissipation d'énergie.

– Étant donné l'importance primordiale de l'information dans le fonctionnement et le comportement humains, tout transfert de connaissances implique, pour être aussi efficace et crédible que possible, que la primauté y soit accordée aux notions, concepts et vocables clairement définis, objectivables et non modulables, excluant autant que faire se peut les termes « flous ». Ceci vaut en particulier pour le champ d'expression des valeurs.

– Les lois et principes des sciences de la nature s'appliquent à l'ensemble des phénomènes de la vie ordinaire, dont, en particulier, ceux qui ont trait à l'information, celle-ci constituant un élément déterminant du schéma thermodynamique.

– L'analyse du phénomène conversation, telle qu'elle est menée dans cet ouvrage, constitue un exemple caractéristique de l'empreinte des sciences de la nature sur des domaines relevant ordinairement des sciences humaines.

– Les conversations ont, entre autres, pour fonction de véhiculer des informations innovantes (potentiel organisateur) et des informations contribuant à favoriser le maintien homéostatique des strates auxquelles appartiennent les émetteurs.

– Le bien-être est un concept « flou », difficilement mesurable. Il peut néanmoins – dans une certaine mesure – faire l'objet d'une approche scientifique (en l'occurrence de type thermodynamique) pour autant qu'il soit, par exemple, défini par rapport à des processus d'acquisition d'informations à caractère néguentropique/organisateur. Dans cette optique, le bien-être sera lié à notre capacité d'optimiser les informations disponibles dans notre environnement.

– La recherche de bien-être, fondée sur la variété des informations à capter, est un plaidoyer pour la Connaissance en général, eu égard à son puissant pouvoir organisateur (apport d'*informations nouvelles* et innovantes à fort potentiel néguentropique).

– La recherche d'informations de qualité (à hautes potentialités organisatrices) requiert de notre part une analyse critique très pointue. Le niveau de qualité néguentropique/organisatrice des informations devra être conservé d'une manière globalement constante pour que nous puissions maintenir durablement notre taux de dissipation d'énergie.

– En définitive, la capacité à optimiser de la dissipation d'énergie – liée à la production de néguentropie par voie d'approvisionnement en information – constitue, suivant notre approche, l'atout fondamental du bien-être.

– L'homme fait partie intégrante de son milieu environnemental (qui est aussi la source de toutes ses informations). Une bonne connaissance du fonctionnement et de l'évolution de celui-ci doit lui permettre d'optimiser les informations qui en proviennent. Cette optimisation favorise également son intégration dans ledit milieu, intégration privilégiée par la sélection naturelle.

– L'isolement introspectif ou méditatif contribue sans doute à un bien-être momentané mais favorise peu un bien-être durable, dans la mesure où il constitue une rupture avec le champ des informations fournies par l'environnement : l'isolement est faible en apports d'*informations nouvelles* et, partant, faible en facteurs de production de néguentropie/organisation.

– Il est concevable que les informations à caractère néguentropique (organisatrices et innovantes) stimulent notre « centre de récompense » et, partant, engendrent un état de satisfaction, d'où un certain sentiment de bien-être.

Bibliographie

Alizart (Mark), article « Faut-il avoir peur des machines ? » in *L'Obs* n° 2730, 2 au 8 mars 2017.

Angelier (Eugène), *Les sciences de la complexité et le vivant,* Paris, Lavoisier, 2008.

Atlan (Henri), *Le vivant post-génomique ou Qu'est-ce que l'auto-organisation ?* Paris, Odile Jacob, 2011.

Atlan (Henri), *Entre le cristal et la fumée*, Paris, Le Seuil, 1979.

Atlan (H.), « Les philosophes, l'entretien : La science crée les problèmes, mais ne fournit pas les solutions », in *Philosophie Magazine* n° 50, juin 2011.

Atlan (H.), « Au hasard de la liberté », in *Nouvel Observateur*, Hors-série : *Les grands penseurs d'aujourd'hui*, décembre 2013-janvier 2014.

Atlantico.fr (site internet), « Loi du retour accéléré, la théorie vertigineuse du futurologue de Google qui n'a jamais eu tort », 5 juin 2015.

Attali (Jacques), *Histoire de la modernité*, Paris, Flammarion Champs Essais, 2013.

Babinet (Gilles), *L'ère numérique, un nouvel âge de l'humanité*, Paris, Le Passeur, 2014.

Balibar (Étienne) et Macherey (Pierre), « Déterminisme », in *Les essentiels d'Universalis*, tome 20 Philosophie, Paris, Encyclopædia Universalis, 2009.

Bertrand (Philippe), *Les attracteurs de Gaïa*, Paris, Publibook, 2008.

Bouée (Charles-Édouard), *Confucius et les automates, l'avenir de l'homme dans la civilisation des machines,* Paris, Grasset et Fasquelle, 2014.

Breton (Philippe), *L'utopie de la communication*, Paris, La Découverte, 1997.

Brillouin (Léon), *La science et la théorie de l'information*, Sceaux, Éd. Jacques Gabay, 1988.

Cardon (Dominique), *À quoi rêvent les algorithmes*, Paris, Le Seuil, 2016.

Carnap (Rudolf), *Les fondements philosophiques de la physique*, Paris, Armand Colin, 1973.

Charbonnier (Georges), *Entretiens avec Claude Lévi-Strauss*, Paris, 10/18, 1973.

Daloz (Jean-Pierre), *De la logique du désordre à la nécessité des crises,* Paris, Economica, 1978.

Dawkins (Richard), *Le gène égoïste*, Paris, Odile Jacob, 2003.

Degenne (Alain) et Forsé (Michel), *Les réseaux sociaux*, Paris, Armand Colin, Collection U : Sociologie, 1994.

Dictionnaire Le Petit Robert, Paris : Société des Dictionnaires Le Robert, 2013.

Dugain (Marc) et Labbé (Christophe), *L'homme nu*, Plon, Paris, 2016.

Dumazedier (Joffre), *Vers une civilisation du loisir*, Paris, Le Seuil, 1962.

Durkheim (Émile), *Les règles de la méthode sociologique*, Paris, Payot & Rivages, 2009.

Ekeland (Ivar), *Le chaos*, Paris, Le Pommier, 2006.

Feltz (B.), « Auto-organisation, sélection et émergence dans les théories de l'évolution », in *Auto-organisation et émergence dans les sciences de la vie*, Bruxelles, Ouisa, 1999.

Ferrarese (Estelle), *Niklas Luhmann, une introduction*, Paris, Pocket poche/La Découverte, 2007.

Ferry (Luc), *La révolution transhumaniste*, Paris, Plon, 2016.

Forsé (Michel), *L'ordre improbable, entropie et processus sociaux*, Paris, PUF, 1989.

Fourastié (Jean), *Le grand espoir du XXe siècle*, Paris, Gallimard, 1963.

Frontier (Serge), *Les écosystèmes*, Paris, PUF/Que sais-je ? 1999.

Gazzaniga (Michael S.), *Le libre arbitre et la science du cerveau*, Paris, Odile Jacob, 2013.

Goffman (Erwin), *La mise en scène de la vie quotidienne, tome 1 : La présentation de soi,* Paris, Éditions de Minuit, coll. Le sens commun, 1973.

Gribbin (John), *Le chaos, la complexité et l'émergence de la vie*, Paris, Flammarion Champs sciences, 2006.

Hamilton (W. D.), "The Genetical Evolution of Social Behaviour I and II", in *Theoretical Biology*, volume 7, 1964.

Hawking (Stephen) et MLODINOW (Leonard), *Y a-t-il un grand architecte dans l'Univers ?* Paris, Odile Jacob Sciences, 2011.

Klein (Étienne), *Discours sur l'origine de l'Univers*, Paris, Flammarion, 2010.

Klein (Naomi), *This changes everything, Capitalism vs the climate*, New York, Simon & Schuster, 2014.

Kurzweil (Ray), *Humanité 2.0, la Bible du changement*, Paris, M21 Éditions, 2007.

Lambert (D.), « Les modèles mathématiques de l'auto-organisation et de l'émergence », in *Auto-organisation et émergence dans les sciences de la vie*, Bruxelles, Ouisa, 1999.

Lecourt (Dominique), *La philosophie des sciences*, Paris, PUF, 2001.

Lovelock (James), *La terre est un être vivant ; l'hypothèse Gaïa*, Paris, Flammarion Champs Sciences, 1993.

Luhmann (Niklas), *Soziale Systeme : Grundriss einer allgemeinen Theorie*, Frankfurt am Main, Suhrkamp Verlag, 1984.

Mahler (T.), « Nous sommes capables de remodeler la vie » (interview de Y. N. Harari), in *Le Point* n°2347, Paris, 31 août 2017.

Masani (P.), "Cybernetics, Science and Society, Ethics, Aesthetics and Literacy Criticism", in *Collected Works, vol. IV, Book Reviews and Obtuaries*, Cambridge (USA), MIT Press, 1986.

Mathieu (A.), « Le réseau socio-sanitaire québécois », in *L'Agora* (site internet), 6 décembre 2011. http://agora.qc.ca/textes/amathieu.htlm

Maturana (Humberto) et Varela (Francisco), *L'arbre de la connaissance*, Addison-Westley (France), 1994.

Morin (Edgar), *Introduction à la pensée complexe*, Paris, Le Seuil Points Essais, 2005.

Morin (Edgar), *La méthode, 1. La nature de la nature,* Paris, Le Seuil, 1977.

Penrose (Roger), *Les deux infinis et l'esprit humain*, Paris, Flammarion Champs Sciences, 1999.

Priestley (Joseph), *La doctrine de la nécessité philosophique*, Londres, 1777.

Prigogine (Ilya), *La fin des certitudes*, Paris, Odile Jacob, 1996.

Prigogine (Ilya), *Les lois du chaos*, Paris, Flammarion Champs Sciences, 2008.

Prigogine (Ilya) et Stengers (Isabelle), *La nouvelle alliance*, Paris, Gallimard, 1979.

Reisse (Jacques), *La longue histoire de la matière*, Paris, PUF, L'interrogation philosophique, 2011.

Roddier (François), *Thermodynamique de l'évolution, un essai de thermo-bio-sociologie*, Artignosc-sur-Verdon, Éditions Parole, 2012.

Roddier (François), « Point de vue d'un astronome » in http://www.françois-roddier.fr/ (blog)

Roddier (François), « Les lois implacables de la thermodynamique », in *La lettre du lundi* http://lalettredulundi.fr/2010/07/04/les-lois-implacables-de-la-thermodynamique, 4 juillet 2010.

Salmon (Wesley), *Causality and Explanation*, Oxford, Oxford University Press, 1998.
Schoffeniels (Ernest), *L'anti-hasard*, Paris-Bruxelles-Montréal, Gauthier-Villars, 1973.
Schopenhauer (Arthur), *Essai sur le libre arbitre*, Paris, Librairie Germer Baillière et Cie, 1880.
Schrödinger (Erwin), *Qu'est-ce que la vie ?* Paris, Christian Bourgois, 1986.
Spinoza (Baruch), *L'éthique*, Paris, GF Flammarion, 1993.
Viennot (B.), « Trump, Poutine, Brexit… Le scénario catastrophe d'un cataclysme historique est en marche », in *Slate.fr* (site internet), 30 août 2016.
Wiener (Norbert), *Cybernétique et société*, Paris, Union générale d'éditions, coll. 10/18, 1962.
Wikipédia, « Auto-organisation », http://fr.wikipedia.org/wiki/Auto-organisation
Wikipedia, "Digital philosophy", https://en.wikipedia.org/w/index.php?title=Digital_philosophy&oldid=671890940
Wikipédia, « Étude du petit monde », http://fr.wikipedia.org/wiki/Étude_du_petit_monde
Wikipédia, « Hasard », http://fr.wikipedia.org/w/index.php?title=Hasard&action=history
Wikipédia, « Information », http://fr.wikipedia.org/wiki/Information
Wikipédia, « Mème », http://fr.wikipedia.org/wiki/M%C3%A8me
Wikipédia, « Nomophobie », http://fr.wikipedia.org/wiki/Nomophobie
Wikipédia, « Théorie des graphes », http://fr.wikipedia.org/wiki/Théorie_des_graphes
Wikipédia, « Valeur sélective inclusive », http://fr.wikipedia.org/wiki/valeur_S%C3%A9lective_inclusive

Table des matières

Structures éditoriales du groupe L'Harmattan

L'Harmattan Italie
Via degli Artisti, 15
10124 Torino
harmattan.italia@gmail.com

L'Harmattan Hongrie
Kossuth l. u. 14-16.
1053 Budapest
harmattan@harmattan.hu

L'Harmattan Sénégal
10 VDN en face Mermoz
BP 45034 Dakar-Fann
senharmattan@gmail.com

L'Harmattan Cameroun
TSINGA/FECAFOOT
BP 11486 Yaoundé
inkoukam@gmail.com

L'Harmattan Burkina Faso
Achille Somé – tengnule@hotmail.fr

L'Harmattan Guinée
Almamya, rue KA 028 OKB Agency
BP 3470 Conakry
harmattanguinee@yahoo.fr

L'Harmattan RDC
185, avenue Nyangwe
Commune de Lingwala – Kinshasa
matangilamusadila@yahoo.fr

L'Harmattan Congo
67, boulevard Denis-Sassou-N'Guesso
BP 2874 Brazzaville
harmattan.congo@yahoo.fr

L'Harmattan Mali
Sirakoro-Meguetana V31
Bamako
syllaka@yahoo.fr

L'Harmattan Togo
Djidjole – Lomé
Maison Amela
face EPP BATOME
ddamela@aol.com

L'Harmattan Côte d'Ivoire
Résidence Karl – Cité des Arts
Abidjan-Cocody
03 BP 1588 Abidjan
espace_harmattan.ci@hotmail.fr

L'Harmattan Algérie
22, rue Moulay-Mohamed
31000 Oran
info2@harmattan-algerie.com

L'Harmattan Maroc
5, rue Ferrane-Kouicha, Talaâ-Elkbira
Chrableyine, Fès-Médine
30000 Fès
harmattan.maroc@gmail.com

Nos librairies en France

Librairie internationale
16, rue des Écoles – 75005 Paris
librairie.internationale@harmattan.fr
01 40 46 79 11
www.librairieharmattan.com

Lib. sciences humaines & histoire
21, rue des Écoles – 75005 Paris
librairie.sh@harmattan.fr
01 46 34 13 71
www.librairieharmattansh.com

Librairie l'Espace Harmattan
21 bis, rue des Écoles – 75005 Paris
librairie.espace@harmattan.fr
01 43 29 49 42

Lib. Méditerranée & Moyen-Orient
7, rue des Carmes – 75005 Paris
librairie.mediterranee@harmattan.fr
01 43 29 71 15

Librairie Le Lucernaire
53, rue Notre-Dame-des-Champs – 75006 Paris
librairie@lucernaire.fr
01 42 22 67 13

www.ingramcontent.com/pod-product-compliance
Lightning Source LLC
LaVergne TN
LVHW011010061026
849535LV00006B/1802